TEORIA MECÂNICA DO
DINAMISMO

Leandro Bertoldo

Leandro Bertoldo
Teoria Mecânica do Dinamismo

Leandro Bertoldo
Teoria Mecânica do Dinamismo

De: _____

Para: _____

_____

_____

Leandro Bertoldo
Teoria Mecânica do Dinamismo

Leandro Bertoldo
Teoria Mecânica do Dinamismo

Dedico este livro a minha filha
Beatriz Maciel Bertoldo.

Leandro Bertoldo
Teoria Mecânica do Dinamismo

Leandro Bertoldo
Teoria Mecânica do Dinamismo

"**Encontram-se por toda parte maravilhas que escapam à nossa percepção**".

Ellen Gould White
(1827-1915)
Escritora, conferencista, conselheira,
educadora norte-americana e cofundadora da
Igreja Adventista do Sétimo Dia.

Leandro Bertoldo
Teoria Mecânica do Dinamismo

Sumário

Dados biográficos
Prefácio

Leandro Bertoldo
Teoria Mecânica do Dinamismo

Dados biográficos

Leandro Bertoldo é escrevente, professor, cientista em exatas, palestrante e um prolífero escritor, que até o presente momento proferiu 2.000 palestras e publicou mais de 80 livros, com mais de 30.000 exemplares distribuídos. Os seus livros são conhecidos em todo o Brasil e fora dele. Suas obras apresentam diferentes seguimentos e estilos literários. Dedicado aos estudos, fez as faculdades de Física (1981) e de Direito (2004) na Universidade de Mogi das Cruzes – UMC. Nasceu em 1959 na cidade de São Paulo - SP. É filho primogênito de José Bertoldo Sobrinho (1926-2004), e de Anita Leandro Bezerra (1941-2010). Seu irmão Francisco Leandro Bertoldo (1961) é oficial de justiça em Itaquaquecetuba – SP.

Desde 25 de junho de 1992 está casado com Daisy Menezes Bertoldo (1963), funcionária do Tribunal de Justiça do Estado de São Paulo. Tornou-se dono dos amorosos cachorros: Fofa, Pitucha, Calma, Mimo e Serena.

Sua filha, Beatriz Maciel Bertoldo (1982), fruto do seu primeiro casamento com Francineide Maciel, é advogada em Mogi das Cruzes - SP. Ela está casada com Vicente Alves dos Santos Júnior, e tem um filho chamado Samuel Bertoldo Alves dos Santos (2016).

O seu interesse pela área de exatas vem desde os 17 anos de idade, quando começou a escrever algumas teses originais sobre assuntos inéditos a respeito dos grandes temas da Física e da Matemática.

Leandro Bertoldo
Teoria Mecânica do Dinamismo

No início da década de oitenta, quando ainda era graduando no curso de Ciências Exatas e Tecnológicas na Universidade de Mogi das Cruzes – UMC – o autor desenvolveu muitas de suas grandes teses científicas, que resultaram em vários livros. Todos os seus livros de exatas defendem teses inéditas em Física e Matemática. Entre eles, destacam-se: "Teoria Matemática e Mecânica do Dinamismo" (2002); "Teses da Física Clássica e Moderna" (2003); Colisões e Deformações (2015); "Cálculo Seguimental" (2005); "Artigos Matemáticos" (2006) e "Geometria Leandroniana" (2007), discutidos por grupos de graduandos em várias universidades do país.

Prefácio

Diante da insuficiência filosófica apresentada pela Dinâmica Clássica, Leandro Bertoldo desenvolveu em 1978 uma nova teoria sobre as causas dos movimentos. Essa teoria ficou sendo conhecida por "Dinamismo", e generalizou as leis da Mecânica Clássica. Como resultado, unificou a Cinemática e a Dinâmica num único corpo teórico altamente consistente, de modo que, a própria força externa passou a ser caracterizada por um sinal algébrico.

A teoria do Dinamismo é a própria Mecânica Clássica que estuda, classifica e descreve os movimentos unicamente em função de suas causas fundamentais.

Sob a perspectiva da teoria do Dinamismo a velocidade de um corpo é originada pela conservação de uma nova modalidade de força: a força induzida. Sendo certo que a variação da força induzida comunicada ou extraída de um móvel provoca os conhecidíssimos efeitos cinemáticos da variação da velocidade ou do repouso.

Nesta obra há uma constante preocupação por parte do autor em sistematizar, por meio do método matemático, o desenvolvimento e a interpretação da Física Clássica, sob a perspectiva da Teoria do Dinamismo. Também existe por parte do autor o interesse em demonstrar que o Dinamismo sintetiza todas as ideias que haviam sido produzidas pela Mecânica Clássica, e que pode, portanto, ser aceita sem reserva.

O cerne da teoria do Dinamismo encontra-se em suas quatro leis fundamentais, as quais generalizam e ampliam a visão de toda a Mecânica Clássica. Sendo que tais leis são enunciadas nos seguintes termos:

Leandro Bertoldo
Teoria Mecânica do Dinamismo

1ª. Lei - *A força externa que atua sobre um corpo é igual ao produto entre a sua massa pela aceleração que apresenta.*

2ª. Lei - *A força dinâmica, que resulta da força externa após esta vencer a oposição oferecida pela força de inércia, é igual ao produto entre a constante universal chamada estímulo pela aceleração que o corpo apresenta.*

3ª. Lei - *A força de inércia que a matéria exerce em oposição à alteração do seu estado de repouso é igual à diferença matemática entre a intensidade da força externa pela força dinâmica.*

4ª. Lei - *A variação de força induzida num corpo no decorrer do tempo é igual ao produto entre a intensidade da força dinâmica pela variação de tempo.*

Por meio dessas quatro leis, Leandro Bertoldo estruturou a teoria do Dinamismo e, em consequência, reformulou os fundamentos da Física Clássica.

Esses princípios são óbvios e claros para Leandro que convive com a teoria já há algum tempo. Eles representam um novo modo de pensar e encarar o funcionamento da natureza.

Verifica-se, no decorrer da obra, ao nível da Física Clássica, as leis do Dinamismo representam um avanço monumental em relação às descobertas dinâmicas de Isaac Newton (1642-1727), a qual considera o estudo do movimento somente da perspectiva da força externa.

A ideia básica de Leandro é a de que existe uma força comunicada a um móvel por meio de um processo de indução, e que a mesma exerce controle sobre o corpo em movimento, sem a necessidade de haver um contato físico externo. Esta é uma ideia ousada, mesmo neste século.

As leis do Dinamismo são amplas em seus contornos e de vasto alcance, abrangendo todos os fenômenos físicos da Mecânica. Tais leis não são elementos separados ou de pouca significação; mas são perfeitamente unidas, formando um todo completo, tendo como centro de pesquisa a própria natureza do movimento. As verdades que são apresentadas na teoria do Dinamismo são tão firmes e inabaláveis quantas aquelas apresentadas pela Mecânica Clássica.

leandrobertoldo@ig.com.br

Leandro Bertoldo
Teoria Mecânica do Dinamismo

1. Conceitos Fundamentais

1. Introdução

No presente *capítulo* será apresentada a definição dos conceitos fundamentais que envolvem a explicação dos fenômenos mecânicos na teoria do Dinamismo.

2. Dinamismo

O *Dinamismo* é um ramo da Mecânica que procura interpretar, explicar e descrever de forma matemática e filosófica as causas dos movimentos dos corpos, unicamente sob a perspectiva dos efeitos das forças. Nesta teoria os movimentos são tratados e estudados a partir das *causas fundamentais* que os produzem.

3. Corpo

Corpo e tudo aquilo que *ocupa lugar* no espaço. É a porção da matéria limitada pela forma e volume.

4. Massa

Basicamente, massa é a quantidade de matéria *contida* num corpo qualquer.

5. Ponto Material

No desenvolvimento do Dinamismo será considerado com frequência o conceito clássico de *ponto material*. Por este conceito as dimensões dos corpos são desprezadas porque elas não interferem no estudo de determinados fenômenos.

6. Móvel

No decorrer dessa teoria será empregada a tradicional definição do conceito de "móvel" para caracterizar qualquer corpo em movimento.

7. Posição

A *posição* pode ser definida como sendo a localização de um ponto material numa região qualquer do Universo.

8. Repouso

Um ponto material está em repouso quando ele *não* sofre modificação de sua posição no decorrer do tempo.

9. Movimento

Pode-se afirmar que um ponto material está animado num *movimento qualquer* quando ele apresenta uma alteração em sua posição no decorrer do tempo.

10. Velocidade

Velocidade é a grandeza física que mede a *intensidade* do movimento. Portanto, o movimento de um corpo será tanto mais intenso quanto maior for a velocidade desse corpo. Matematicamente, velocidade (V) é definida como sendo igual ao quociente da variação de espaço (ΔS) percorrido pelo móvel, inversa pela variação de tempo (Δt) decorrido de movimento. Simbolicamente o referido enunciado é expresso por:

$$V = \Delta S / \Delta t$$

Portanto, a velocidade de um corpo será tanto maior quanto maior for o espaço percorrido por esse corpo dentro de um mesmo intervalo de tempo.

11. Movimento Uniforme

O *movimento uniforme* é caracterizado pelo movimento onde o móvel percorre distâncias iguais em intervalos de tempos iguais. Nestas condições a velocidade média do móvel em qualquer intervalo de tempo permanece constante. Nesse tipo de movimento a aceleração do móvel é nula.

12. Movimento Uniformemente Variado

No *movimento uniformemente variado* a velocidade do móvel não permanece constante, mas varia uniformemente no decorrer do tempo, de tal forma que o móvel apresenta velocidades iguais em intervalos de tempos iguais. Nesse tipo de movimento a aceleração do móvel é constante.

13. Aceleração

A aceleração é uma grandeza física que avalia a variação de velocidade num intervalo de tempo. Portanto, a variação de velocidade de um corpo será tanto maior quanto maior for a aceleração desse corpo.

Matematicamente, a aceleração (α) é definida como sendo igual o quociente da variação de velocidade (ΔV) de um móvel, inversa pela variação de tempo (Δt) de movimento. Simbolicamente o referido enunciado é expresso por:

$$\alpha = \Delta V / \Delta t$$

A aceleração de um móvel será tanto maior quanto maior for a velocidade desse móvel dentro de um intervalo de tempo.

14. Referencial

Qualquer noção de movimento somente pode ser compreendida quando se considera um *sistema de referência*. Portanto, observe as seguintes explicações:

a) Se a distância entre dois pontos materiais não apresentar nenhuma variação no decurso do tempo, isto significa que cada um deles está em repouso em relação ao outro.

b) Todavia, se um ponto material apresenta um movimento em relação ao outro, isto implica que a distância medida entre esses dois pontos varia com o passar do tempo.

c) Também é evidente que, no mesmo intervalo de tempo, um ponto material pode estar animado num movimento em relação a um determinado *referencial* e em repouso em relação a outro *referencial*.

15. Referencial Inércia

Da definição de referencial fica claro que os movimentos dos corpos são relativos aos *sistemas de referência* que são levados em consideração. Portanto, no estudo do Dinamismo, serão considerados os pontos materiais em relação a um referencial isolado de forças. Esse modelo ideal é denominado por *referencial inercial*, pois a ele se aplica o célebre princípio da inércia.

16. Vácuo

O tecnicamente o termo *vácuo* significa absolutamente vazio. Indica uma região do espaço totalmente destituída de matéria.

Quando um corpo se desloca no *vácuo*, nenhuma resistência lhe é oferecida. Isso ocorre porque não existe nenhuma quantidade de matéria que possa opor-se ao corpo em movimento. Já o meio material exerce uma resistência ao movimento dos corpos que nele se deslocam, causando a dissipação do movimento.

Leandro Bertoldo
Teoria Mecânica do Dinamismo

No presente estudo será considerado somente o *movimento livre*, ou seja, corpos que se deslocam no vácuo sem que nenhuma resistência seja oferecida ao seu movimento.

17. Causa do Movimento

Se um ponto material está em repouso em relação a certo referencial, para movimentá-lo é necessário aplicar-lhe certa *força*. Entretanto, se o ponto material já se encontra em movimento, para modificar esse estado de movimento e, portanto, sua velocidade, também é necessária aplicar-lhe certa *força*. A teoria do Dinamismo estabelece o seguinte fundamento: *As forças são as causas que definem o movimento e as velocidades dos corpos.*

18. Equilíbrio

Em relação a um determinado referencial, pode-se afirmar que um ponto material está em *equilíbrio* quando ocorre qualquer uma das seguintes situações:

1ª) *Quando não apresenta força induzida.*
Se a força induzida for nula, a velocidade será nula. Nesta situação a força externa é nula e, portanto, a força dinâmica também é nula.

2ª) *Quanto sua força induzida é constante no decorrer do tempo.*
Se a força induzida permanece constante, a velocidade também é constante. Nesta condição a força externa é nula e, portanto, a força dinâmica é nula.

19. Classificação do Equilíbrio

Devido ao *Princípio da Inércia* enunciado pelo grande físico inglês Isaac Newton (1642-1727) em 1687 em seu livro revolucionário intitulado por *Princípios Matemáticos da Filosofia Natural*, pode-se estabelecer um modelo teórico doutrinando que na natureza encontramos a existência de dois tipos básicos de equilíbrio, a saber:

I - Equilíbrio Estático
O *equilíbrio estático* é aquele, onde a força induzida é constantemente nula no decorrer do tempo. Por conseqüência a velocidade é zero. Portanto o ponto material está em repouso em relação a um determinado referencial. Nessas condições a força externa e a força dinâmica são nulas.

II - Equilíbrio Dinâmico
O *equilíbrio dinâmico* ocorre quando a força induzida num ponto material é diferente de zero e permanece constante no decorrer do tempo. Logo, o ponto material apresenta movimento retilíneo e uniforme ao infinito porque a sua força induzida é constante em módulo, direção e sentido. Nessas condições a força externa e a força dinâmica são nulas.

Em ambos os casos, nunca se deve esquecer que o conceito de *equilíbrio* é relativo ao referencial considerado.
Desse modo, pode-se apresentar a seguinte generalização: *Um ponto material está em equilíbrio, num determinado referencial, quando a força induzida é nula ou diferente de zero e constante no decorrer do tempo.*
Isto significa que, em ambos os casos, não atuam forças externas e dinâmicas sobre o ponto material.

20. Inércia Clássica

Diante do que foi exposto pode-se afirmar que o *Princípio da Inércia* permite estabelecer a seguinte verdade: *Na ausência de forças externas um corpo permanece em seu estado de repouso ou de movimento retilíneo e uniforme ao infinito, a menos que sofra a ação de uma força externa que venha a alterar tais situações.*

Sob a perspectiva do Dinamismo esse princípio sofre uma *bipartição*, conforme apresentado nos seguintes enunciados:

1º. Na *ausência* de força induzida um corpo permanece em seu estado de *repouso*, a menos que sofra a ação de uma força externa que venha a modificar tal estado com a comunicação de uma força induzida.

2º. Sob a *interação* de uma força induzida constante um corpo mantém o seu estado de *movimento retilíneo e uniforme ao infinito*, a menos que sofra a ação de uma força externa que venha a modificar a força induzida conservada no móvel.

Portanto, segundo a teoria do Dinamismo, pode-se concluir que existe uma explicação causal para o repouso (*ausência de força induzida*) e outra explicação para o movimento (*presença de força induzida*).

A teoria newtoniana falha em estabelecer uma distinção exclusivamente dinâmica e matemática entre essas duas situações. De forma que pela perspectiva da Dinâmica é impossível dizer se um corpo está em repouso ou em movimento retilíneo e uniforme ao infinito porque em ambas as situações a força externa é nula.

Leandro Bertoldo
Teoria Mecânica do Dinamismo

O Dinamismo ao unificar as duas situações permite afirmar que a inércia é a ausência total da *variação* de força induzida num ponto material qualquer.

21. Força

Na natureza as *forças* interagem com a matéria provocando os conhecidos fenômenos do movimento. Quando um corpo entra em queda livre próximo à superfície do planeta, ele fica submetido à ação de uma *força dinâmica* de origem gravitacional de modulo constante. Esta força acarreta de modo uniforme uma *indução de força* no ponto material. Este fenômeno provoca o efeito cinemático da *aceleração* e, portanto da variação de velocidade.

Logo, existe uma interação cine-dinâmica entre a ação gravitacional do planeta e um corpo em queda livre.

Em Dinamismo as *forças externas* são forças de contato que levam à interação da *força dinâmica* com a matéria. E no decorrer do tempo esse fenômeno provoca o aparecimento da *força induzida*, a qual é acumulada e conservada no móvel numa forma intrínseca.

22. Princípio do Dinamismo

Abandonados a partir de uma determinada altura, todos os corpos caem livremente sofrendo variações em suas velocidades. Para explicar o fenômeno, o Dinamismo estabelece uma lei básica para a análise geral dos movimentos. Esta lei relaciona as *forças induzidas* com as *variações de velocidades* que resultam no movimento.

Quando um ponto material é submetido à ação de uma *força externa*, ele fica sujeito a interação da *força dinâmica* que provoca o fenômeno da *força induzida*. Esta lei básica afirma que a resultante das forças induzidas num ponto material é igual ao produto existente entre a força dinâmica ao qual está submetido, pelo tempo decorrido durante a ação da força externa aplicada. Sendo que o referido enunciado pode ser expresso simbolicamente por:

$$i = f \cdot t$$

O enunciado anterior representa um princípio fundamental na teoria do Dinamismo. E a igualdade anterior caracteriza uma equação válida num referencial inercial.

23. Adição Vetorial

A expressão anterior é uma igualdade *vetorial* caracterizada pelo resultado da soma *vetorial* da força induzida no ponto material.

Nos exemplos que se seguem têm-se duas situações, que podem ser representadas pela adição *vetorial* da força induzida resultante (i_R).

a) Se existem forças concorrentes atuando sobre um ponto material pode-se escrever que: $i_R = i$, portanto: $i = f \cdot t$

b) Se existem forças opostas operando num ponto material pode-se afirmar que: $i_R = f \cdot t$, porém, $i_R = i_1 - i_2$, logo: $i_1 - i_2 = f \cdot t$

Leandro Bertoldo
Teoria Mecânica do Dinamismo

24. Relação entre força induzida e velocidade

Uma das consequências interessantes e imediatas do conceito de força induzida é a sua relação com a velocidade, conforme a seguinte demonstração:

Sabe-se que no movimento uniformemente variado a aceleração (α) é constante e expressa pela seguinte relação:

$$\alpha = \Delta V/\Delta t$$

Nesse mesmo tipo de movimento a força dinâmica (f) é constante e expressa pela seguinte relação matemática:

$$f = \Delta i/\Delta t$$

Onde (Δi) representa a variação de força induzida num móvel e (Δt) representa a variação de tempo decorrido de movimento.

Dividindo as duas últimas expressões, membro a membro, resulta que:

$$f/\alpha = \Delta i/\Delta V$$

Como a relação entre (f/α) resulta numa constante pode-se escrever que:

$$e = f/\alpha = \Delta i/\Delta V$$

A constante de proporcionalidade é uma constante fundamental denominada por *estímulo*. E com relação à última expressão resulta que:

$$\Delta i = e . \Delta V$$

Portanto, pode-se concluir que no movimento uniformemente variado a variação da força induzida num móvel é diretamente proporcional à variação de velocidade que esse móvel apresenta.

25. Peso

Qualquer corpo próximo à superfície do planeta Terra sofre a ação da força dinâmica atrativa de origem gravitacional. Portanto, a gravidade da Terra interage com a matéria que constitui esse corpo.

Se esse corpo não puder deslocar-se, então a interação gravitacional provoca o aparecimento de uma *força estática* chamada por *peso*.

Portanto o peso da matéria é uma força em repouso, cujo valor é expresso pela seguinte lei do Dinamismo:

A força-peso de um corpo é igual ao produto de sua massa pela força dinâmica gravitacional.

Simbolicamente o referido enunciado é expresso por:

$$p = m \cdot f$$

A *massa* (m) é uma grandeza escalar, que mede a quantidade de matéria que o corpo contém. E o *peso* (p) é uma grandeza vetorial.

É interessante observar que no Dinamismo o peso apresenta uma interpretação física diferente do conceito de peso definido pela Dinâmica Clássica. Enquanto que pelo Dinamismo o peso tem como referência a grandeza física denominada por força dinâmica gravitacional, já na Dinâmica Clássica o peso tem por referência a grandeza física conhecida por aceleração da gravidade.

Leandro Bertoldo
Teoria Mecânica do Dinamismo

26. Categoria de Forças Externas

A maneira pela qual as ações das forças externas são exercidas sobre a matéria pode ser classificada em duas amplas categorias:

I - Força de Contato
É a força exercida quando a matéria entra em contato com a matéria. Por exemplo, o impacto entre dois corpos, o peso de um corpo sob uma superfície em repouso, etc.

II - Força de Campo
É a força exercida mutuamente entre os corpos, mesmo que estejam distantes um do outro. Por exemplo, a atração gravitacional entre a matéria.
Na Física Clássica a região do espaço onde atuam essas forças é chamada por *campo de força*.

27. Força Induzida

Quando um corpo é submetido à ação de uma *força externa*, parte dela é empregada para vencer a *força de inércia* da matéria e a resultante emerge numa *força dinâmica*, a qual ao interagir no móvel no decorrer do tempo acaba gerando uma *força induzida*. A força induzida é a grandeza física responsável pela manutenção do *movimento*, bem como pela *velocidade* que o corpo apresenta.
Para efeito didático de estudo, considere os seguintes casos:

1º. Quando um corpo é arremessado no espaço, ele decola da sua fonte de arremesso ou plataforma. E com isso ocorre uma separação entre a fonte de força externa e o móvel ou projétil. Este no decorrer do seu movimento passa a apresentar um movimento retilíneo e uniforme, o qual permanecerá constante, desde que o móvel mantenha conservado a sua força induzida, a qual mantém o seu movimento. Por exemplo, o lançamento livre de um projétil no espaço.

2º. Quando o corpo não se separa da fonte de força externa, ele tende a continuar sob a ação dessa força externa. Isso provoca o aparecimento de forças induzidas que se acumulam gradativamente no móvel decorrer do tempo. Por exemplo, a queda livre de um corpo sob a ação da gravidade.

Nesse caso pode-se afirmar que a cada instante, a ação contínua de uma força externa de intensidade constante sobre o corpo é renovada, resultando num novo acréscimo de força induzida àquela que o móvel já possuía anteriormente, o que resulta, no aumento da velocidade e até mesmo na intensificação de um eventual impacto.

28. Evidências das Forças Induzidas

As evidências da existência de força induzida manifestam-se principalmente pela *velocidade* que um corpo apresenta em seu estado de movimento. Sendo que tal velocidade será tanto maior, quanto maior for a força induzida que o móvel transporta. Também se manifesta pela manutenção do *movimento* do corpo ao infinito, isso ocorre enquanto o móvel manter a sua força induzida conservada. Finalmente pode-se acrescentar o fato de que a força induzida se manifesta pela ação do *impacto* da matéria contra um anteparo qualquer.

Leandro Bertoldo
Teoria Mecânica do Dinamismo

Tal impacto será tanto maior, quanto maior for a força induzida transportada pelo móvel, independentemente do tipo de movimento que o mesmo possua ou venha a possuir.

29. Peso Nulo

Desprezada a resistência do ar, a força que atua num corpo em queda livre não é o seu peso. Isso porque um corpo em queda livre apresenta peso nulo. Logo ele não pode ser a causa do movimento em queda livre.

Para demonstrar que um ponto material em queda livre não tem peso, considere a seguinte experiência clássica de um corpo no interior de um elevador que desce verticalmente com aceleração (α) em relação a um referencial inercial fora do elevador.

Em relação a esse referencial, atuam no corpo o peso (p), que resulta da ação gravitacional da Terra, e a força (N), que resulta da ação do assoalho sobre o corpo. Pela terceira lei de Newton, o corpo exerce sobre o assoalho uma força de intensidade (N).

A resultante das forças que atuam no corpo é expressa do seguinte modo: ($F_R = p - N$).

E em conformidade com a Segunda Lei de Newton: ($F = m \cdot \alpha$), pode-se escrever que:

a) $p - N = m \cdot \alpha$
b) $N = p - m \cdot \alpha$

Como ($p = m \cdot g$) sendo que a letra (g) representa a aceleração da gravidade, vem que:

$$N = m \cdot g - m \cdot \alpha$$

$$N = m . (g - \alpha)$$

Entretanto, se o cabo do elevador se rompesse e o elevador caísse em queda livre com aceleração (α = g), então se pode escrever que:

$$N = m . (g - g) = 0$$

Logo, o corpo e o assoalho não exercerão nenhuma força, nenhum sobre o outro, e o peso do corpo em queda livre será nulo.

Isto explica porque todos os corpos em queda livre adquirem velocidades iguais independentemente de seu peso.

30. Leis Fundamentais

O Dinamismo pode ser resumido em algumas leis fundamentais, a saber:

a) *Um ponto material isolado está induzido com uma força ou não.*

b) *A resultante das forças induzidas a um ponto material é igual ao produto de sua força dinâmica pelo tempo decorrido.*

c) *A força externa aplicada sobre um móvel é igual ao produto entre sua massa pela aceleração adquirida.*

d) *A força de inércia é igual à diferença entre a força externa pela força dinâmica.*

Leandro Bertoldo
Teoria Mecânica do Dinamismo

e) *A força dinâmica é diretamente proporcional à aceleração do móvel.*

f) *A força induzida é diretamente proporcional à velocidade do móvel.*

g) *Toda vez que um corpo (A) exerce uma força (F$_A$) num corpo (B), este também exerce em (A) uma força (F$_B$). Ou melhor, as forças têm a mesma intensidade e direção, porém sentidos opostos.*

h) *Todos os corpos, independentemente de seu peso ou massa, ao entrarem em queda livre a partir da mesma altura, adquirem velocidades idênticas.*

i) *O peso do corpo é igual ao produto entre sua massa pela força dinâmica gravitacional.*

Estas leis são perfeitamente válidas em relação a um referencial inercial. Ou seja, um referencial que não possui aceleração.

31. Crítica ao Dinamismo

As leis apresentadas no presente capítulo constituem os fundamentos do Dinamismo. Essas leis fornecem excelentes resultados quando aplicados para interpretar os fenômenos quotidianos da vida diária. Sendo que nos mais diversos ramos da Engenharia, os seus conceitos são ideais e perfeitamente adequados em qualquer situação.

De acordo com a Teoria da Relatividade de Einstein, o tempo é função da velocidade, fato que a Mecânica Clássica não leva em consideração. Porém, para velocidades bem inferiores à da luz, pode-se considerar o tempo praticamente absoluto, e válido todas as equações do Dinamismo. Ainda, conforme a Teoria da Relatividade sabe-se que a terceira lei de Newton falha quando aplicada às forças de campo a grandes distâncias. O par "ação-reação" não é simultâneo. Entretanto, não há necessidade de discutir esses fatos no dinamismo, pois os princípios estabelecidos são perfeitamente válidos para o comportamento macroscópico, global e cotidiano da matéria.

2. Força Induzida Constante

1. Introdução

Neste *capítulo* será considerado o estudo geral da *força induzida* e o seu significado na velocidade de um ponto material. Também será considerada a noção de força induzida constante em relação ao movimento uniforme, o qual é caracterizado cinematicamente pelo fato de apresentar velocidade invariável no decurso do tempo.

2. Definição

O Dinamismo pode ser classificado como sendo uma parte da Mecânica Clássica que se preocupa com o estudo das *causas* dos movimentos dos corpos. E unicamente por meio das *causas* procura classificar e descrever as mais variadas formas de movimento, bem como determinar a posição do móvel, calcular a sua velocidade e sua aceleração, tudo avaliado num determinado instante em função de suas *causas* fundamentais. Portanto, diante do que foi dito, pode-se apresentar a seguinte definição: *O Dinamismo é parte da Mecânica que descreve os movimentos em função de suas causas primordiais.*

3. Posição

A primeira etapa para determinar a posição de um corpo, consiste simplesmente, em localizar tal corpo numa trajetória.

Ao generalizar essa noção, pode-se denominar *trajetória* o caminho percorrido pelo móvel.

Na trajetória escolhe-se arbitrariamente um ponto de referência qualquer, o qual é indicado como sendo o *marco inicial*, em relação ao qual se estabelece uma escala para medir os comprimentos que indicam a posição assumida pelo móvel. E com a orientação da trajetória fica estabelecido de forma arbitraria o *sinal positivo* para as posições que se localizam de um lado do marco zero e, evidentemente, o *sinal negativo* para as posições localizadas no lado oposto.

4. Força Induzida

Em qualquer *movimento* existe sempre uma grandeza física presente. Essa grandeza é identificada como sendo a *velocidade* do corpo. E segundo a teoria do Dinamismo, a velocidade é sempre provocada pela ação de forças. Sendo que essa força recebe o significativo nome de *força induzida*.

O Dinamismo estabelece que quanto maior for a velocidade de um ponto material, tanto maior será a intensidade da força induzida conservada no móvel. Logo, pode-se afirmar que: *A força induzida é uma grandeza física associada à velocidade e que mede a força acumulada e conservada num móvel.*

A variação de força induzida que um corpo apresenta no decorrer do tempo está relacionada diretamente com a ação da *força dinâmica* que esse corpo está submetido.

A força induzida, por ser uma grandeza vetorial, apresenta módulo, sentido e direção. Sendo que, quanto ao sentido, a força induzida apresenta a mesma direção e sentido da força dinâmica que a produz.

5. Força Dinâmica

É extremamente comum a força induzida de um móvel variar no decurso do tempo, provocando por consequência a variação da velocidade do ponto material.

Sempre que a força induzida de um corpo variar no decorrer do tempo pode-se afirmar que o corpo está submetido à interação de uma *força dinâmica*. Logo se pode estabelecer que: *Força dinâmica é a grandeza associada à força induzida que mede a variação da indução de força que o móvel recebe na passagem do tempo*.

Evidentemente, existe força dinâmica sempre que variar a força induzida de um ponto material seja aumentando ou diminuindo. Logo, num movimento uniforme a força dinâmica é nula.

6. Movimento Uniforme

Um móvel em *movimento uniforme* percorre distâncias iguais em intervalos de tempos iguais.

A variação da posição ($\Delta S = S_2 - S_1$) apresenta sempre o mesmo valor no mesmo intervalo de tempo ($\Delta t = t_2 - t_1$).

Nestas condições, a força induzida (i) transportada pelo móvel é absolutamente constante no decorrer do tempo. Por esta razão a velocidade média ($V_m = \Delta S/\Delta t$) permanece constante com o passar do tempo.

7. Velocidade

Foi dito que a velocidade é definida matematicamente como sendo igual ao quociente da variação de espaço inversa pela variação de tempo.

Simbolicamente o referido enunciado é expresso pela seguinte relação:

$$V = \Delta S / \Delta t$$

O espaço avalia a distância percorrida pelo móvel. E no movimento uniforme a velocidade é constante porque o móvel percorre distâncias iguais em intervalos de tempos iguais. A unidade de velocidade é igual à relação entre a unidade de comprimento pela unidade de tempo.

8. Função

A expressão matemática que relaciona a força induzida (i) com o tempo (t) é chamada por *função*, sendo representada genericamente por:

$$i = \phi \, (t)$$

Onde se pode ler que: *(i) é função de (t)*.

9. Função Horária do Movimento Uniforme

A função horária é uma expressão matemática que relaciona o espaço percorrido pelo móvel com o tempo. No *movimento uniforme* o móvel percorre distâncias iguais em intervalos de tempos iguais. Nestas condições a velocidade é constante, sendo definida matematicamente pela seguinte relação:

$$V = \Delta S / \Delta t$$

Leandro Bertoldo
Teoria Mecânica do Dinamismo

Como:

$$\Delta S = S - S_0$$
$$\Delta t = t - t_0$$

Pode-se escrever que:

$$V = (S - S_0)/(t - t_0)$$

Portanto vem que:

$$S - S_0 = V \cdot (t - t_0)$$

Assim resulta que:

$$S = S_0 + V \cdot (t - t_0)$$

Considerando que:

$$t_0 = 0$$

Logo se conclui que:

$$S = S_0 + V \cdot t$$

A referida expressão é conhecida como *função horária do movimento uniforme*. Sendo que, a cada intervalo de tempo, obtém-se em correspondência o valor do intervalo do espaço percorrido pelo móvel.

10. Força Induzida Constante

Como já foi dito, qualquer movimento de um móvel está relacionado com uma grandeza física conhecida por *força induzida*, a qual explica e avalia a velocidade desse móvel no decorrer do tempo.

Toda vez que a *força dinâmica for nula*, isto implica que a *força induzida permanece constante* no móvel em *movimento livre*.

No presente item será considerado o estudo da *força induzida constante*, definido por uma *velocidade média*. Para isso será empregado símbolos e expressões matemáticas.

Representando pela letra (i) a força induzida de um ponto material (p), avaliada a partir de um marco inicial, pode-se afirmar que, em um dado instante (t_1) sua posição será (S_1) e sua força induzida (i_1). E que num instante posterior (t_2) sua posição será (S_2) e a força induzida (i_2).

Portanto, no intervalo de tempo $(\Delta t = t_2 - t_1)$, a variação de posição do ponto material (p) será $(\Delta S = S_2 - S_1)$, denominada por espaço percorrido. Ocorre que a variação da força induzida será $(i_2 - i_1 = 0)$, o que implica em $(i_1 = i_2)$. Logo se pode afirmar que a força induzida permanece constante no intervalo de tempo, o que vem a caracterizar uma velocidade constante. Ou seja:

$$V_m = \Delta S/\Delta t, \text{ quando } i = \text{constante}$$

Toda vez que a *força induzida* permanece *constante* no decorrer do tempo verifica-se que o móvel percorre distâncias iguais em intervalos de tempos iguais. Logo a *velocidade* do ponto material não sofre variação.

11. Força Induzida no Movimento Uniforme

Foi demonstro que no movimento uniformemente variado, a variação de força induzida é igual ao produto entre o

Leandro Bertoldo
Teoria Mecânica do Dinamismo

estímulo pela variação de velocidade. Sendo que simbolicamente o referido enunciado é expresso por:

$$\Delta i = e \cdot \Delta V$$

No movimento retilíneo e uniforme tem-se que:

a) $\Delta V = V - V_0$, como $V_0 = 0$, $\Rightarrow \Delta V = V$
b) $\Delta i = i - i_0$, como $i_0 = 0$, $\Rightarrow \Delta i - i$

Portanto, como no movimento uniforme a força induzida e a velocidade não variam. Dessa forma a expressão que relaciona a força induzida com a velocidade, se reduz à seguinte:

$$i = e \cdot V$$

Assim pode-se afirmar que no movimento uniforme a força induzida transportada por um móvel é igual ao produto entre o estímulo pela velocidade que o mesmo apresenta. Da mesma forma como o sinal da variação de espaço determina o sinal da velocidade, esta por sua vez determina o sinal da força induzida. Portanto a força induzida é positiva no movimento progressivo e negativa no movimento retrógrado, o que serve de critério indicativo do sentido do movimento.

12. Classificação do Movimento

No Dinamismo o movimento pode ser classificado pelo sinal algébrico da força induzida, conforme a seguinte apresentação:

I - Movimento Progressivo.

O chamado movimento progressivo apresenta as seguintes características: $(S_2 > S_1)$; $(V > 0)$; $(i > 0)$.

Portanto uma força induzida positiva implica numa velocidade positiva. Logo o móvel se desloca a favor da orientação positiva da trajetória.

Nestas condições, o espaço percorrido cresce algebricamente com o decorrer do tempo e o movimento é denominado por *progressivo*.

II - Movimento retrógrado.

O conhecido movimento retrógrado é caracterizado pelas seguintes características: $(S_2 < S_1)$; $(V < 0)$; $(i < 0)$.

Logo, a força induzida negativa implica numa velocidade negativa. Isto indica que o móvel se desloca contra a orientação da trajetória.

Nesta situação, o espaço percorrido decresce algebricamente no decurso do tempo. O movimento é denominado por *retrógrado*.

O sinal de (ΔS) estabelece o sinal da velocidade média (V_m). Esta determina o sinal da força induzida (i).

Desta classificação decorre que o sinal atribuído à força induzida indica somente o sentido do movimento.

13. Resumo

Quando a *força induzida* permanece *constante* no decorrer do tempo, o móvel percorre distâncias iguais em intervalos de tempos iguais.

Portanto, a velocidade média calculada em qualquer intervalo de tempo sempre vai apresentar o mesmo valor. E toda vez que isto ocorrer, pode-se afirmar que o móvel apresenta uma força induzida intrínseca de intensidade constante no decurso do tempo.

Qualquer movimento livre animado por numa força induzida invariável com o passar do tempo, é classificado por *movimento uniforme*. Nesse tipo de movimento, o móvel apresenta velocidade *constante* no decorrer do tempo. Isto implica que o móvel percorre distâncias iguais em tempos iguais.

O movimento cuja *força induzida varia* no decurso do tempo é denominado por *movimento variado*. Nele o móvel apresenta uma velocidade que sofre variações no decorrer do tempo.

Leandro Bertoldo
Teoria Mecânica do Dinamismo

3. Força Induzida Variável e Uniformemente Variada

1. Introdução

Movimento com força induzida *variável*, no decorrer do tempo, são extremamente comuns no Universo. Nesse tipo de movimento existe a manifestação de uma grandeza física chamada por *força dinâmica*.

A força dinâmica é a resultante da força externa após esta vencer a oposição da força de inércia oferecida pela matéria. E, dependendo do comportamento da força induzida transportada por um móvel a teoria do Dinamismo, em sua linguagem peculiar, classifica o movimento em *estimulado* e *destimulado*.

O movimento é *estimulado* quando o módulo da força induzida aumenta com o decorrer do tempo e *destimulado* quando o módulo da força induzida diminui com o passar do tempo.

O *movimento uniformemente variado* (MUV) é um caso particular de forças induzidas que variam uniformemente no decorrer do tempo. Nestas condições, constata-se que a força dinâmica permanece interagindo no móvel de forma constante com o fluir do tempo.

No capítulo anterior foi discutido o chamado *movimento uniforme* criado pela interação de uma força induzida conservada com intensidade constante, onde a força dinâmica é nula. Agora será estudado o movimento uniformemente variado, criado pela ação de uma força induzida que varia uniformemente com o decorrer do tempo. Nesse tipo de movimento a força dinâmica sempre será constante.

2. Classificação dos Movimentos

A princípio o movimento pode ser classificado em três grandes categorias:

I - Movimento Uniforme. São aqueles que possuem força induzida *constante* com força dinâmica *nula*.

II - Movimento Variado. São aqueles cuja força induzida *varia* no decorrer do tempo com força dinâmica *variável*.

III - Movimento Uniformemente Variado. São aqueles que apresentam força induzida que *varia* uniformemente no passar do tempo com força dinâmica *constante*.

3. Movimentos com força Induzida Variável

No movimento uniforme, a intensidade de força induzida avaliada em qualquer intervalo de tempo é sempre a mesma. Isto porque o ponto material ao decolar num movimento livre, deixa de ser submetido à ação da força externa da fonte propulsora.

Entretanto, isto não ocorre no movimento variado. Se a força induzida varia com o tempo, significa que o ponto material encontra-se sob a ação da força externa da fonte propulsora.

4. Força Induzida Média

No movimento uniformemente variado pode-se afirmar que a força induzida média de um móvel, é a média aritmética das forças induzidas nos instantes do intervalo de tempo considerado.

O referido enunciado é expresso simbolicamente pela seguinte relação:

$$i_m = (i + i_0)/2$$

5. Força Dinâmica

A força dinâmica é uma grandeza física que avalia a variação da força induzida no decorrer do tempo. Seu significado será amplamente discutido em outros capítulos.

No movimento uniformemente variado seja (i_1) a força induzida do móvel no instante (t_1) e seja (i_2) a força induzida no móvel no instante posterior (t_2). Desse modo, a força dinâmica média num intervalo de tempo é expressa por:

$$f_m = (i_2 - i_1)/(t_2 - t_1) = \Delta i/\Delta t$$

Se a variação da força induzida (Δi) estiver em newton (N) e o intervalo de tempo (Δt) em segundo (s), a força dinâmica ($\Delta i/\Delta t$) será avaliada em newton por segundo (N/s).

Genericamente pode-se afirmar que a unidade de força dinâmica é o quociente da unidade de força induzida por unidade de tempo.

Logicamente a força dinâmica (f) é uma grandeza algébrica, podendo ser positiva ou negativa, conforme (Δi) seja positiva ou negativa, já que (Δt) é positivo.

No movimento uniforme a força induzida é constante no decorrer do tempo e a força dinâmica anteriormente definida é nula.

Se a força dinâmica média varia com o intervalo de tempo, procura-se determiná-la em intervalos de tempo extremamente pequenos para obter-se a força dinâmica instantânea.

6. Força Dinâmica Instantânea

Seja (i_1) a força induzida num móvel no instante (t_1) e (i_2) sua força induzida no instante (t_2).

A força induzida acumulada ($\Delta i = i_2 - i_1$) no intervalo de tempo correspondente a ($\Delta t = t_2 - t_1$), define a força dinâmica média.

Simbolicamente pode-se escrever que:

$$f_m = \Delta i / \Delta t$$

Para verificar a força dinâmica instantânea na força induzida (i_1) pode-se analisar a força induzida (i_2) cada vez mais próxima de (i_1) e calcular a relação ($\Delta i / \Delta t$).

Evidentemente, à medida que (i_2) aproxima-se de (i_1) a força induzida é menor ($\Delta i = i_2 - i_1$) e o intervalo de tempo ($\Delta t = t_2 - t_1$).

Quando (t_2) tende a (t_1), a força induzida (Δi) é extremamente pequena e o mesmo acontece com o intervalo de tempo (Δt).

O quociente ($\Delta i/\Delta t$) assume um valor limite que, calculado quando (Δt) é extremamente pequeno representa a força dinâmica instantânea na força induzida (i_1) ou força dinâmica do móvel no instante (t_1).

Logo, pode-se definir a seguinte verdade: *A força dinâmica (f) no instante (t) é o valor limite a que tende ($\Delta i/\Delta t$) quando (Δt) tende a zero*.

Simbolicamente pode-se escrever que:

$$f = \lim (\Delta t \rightarrow 0) \; \Delta i/\Delta t$$

A indicação (lim) da expressão anterior é lida por *limite de* e caracteriza uma regra de cálculo. Ela define a força dinâmica instantânea.

7. Movimento Estimulado e Destimulado

Sob a perspectiva da teoria do Dinamismo, pode-se afirmar que quando um ponto material entra em queda livre, fica *estimulado* e a força induzida aumenta no decurso do tempo.

Se o ponto material é lançado verticalmente para cima, ele fica *destimulado* e a força induzida diminui no decorrer do tempo.

Em Dinamismo, conforme a orientação da trajetória a ser percorrida pelo móvel, a força induzida pode ser positiva ou negativa. Por essa razão, no movimento estimulado ou destimulado, deve-se trabalhar com o módulo da força induzida.

Assim, quando um móvel está num movimento estimulado ou destimulado, ocorre o aumento ou a diminuição do módulo da força induzida.

8. Sinal da Força Dinâmica

O sinal da força dinâmica depende do sinal da variação da força induzida (Δi) e, para tanto, convenciona-se uma orientação da trajetória, na qual o ponto material deverá percorrer. Desse modo, o movimento estimulado pode ser progressivo ou retrógrado. O mesmo ocorrendo com o movimento destimulado.

9. Movimento Estimulado

O estudo do movimento estimulado permite constatar que podem ocorrer as seguintes situações:

I - Movimento Estimulado Progressivo
Toda vez que o móvel se deslocar a favor da orientação da trajetória, o movimento estimulado é denominado por *progressivo*. Isto significa que a força induzida no móvel apresenta o mesmo sentido da orientação da trajetória.

II - Movimento Estimulado Retrógrado
Quando o móvel se deslocar contra a orientação da trajetória, o movimento estimulado é denominado por *retrógrado*. Isto indica que a força induzida transportada pelo móvel é contrária ao sentido da orientação da trajetória.

10. Esquema do Movimento Estimulado

Para uma melhor visualização e compreensão do movimento estimulado considere o seguinte esquema:

Leandro Bertoldo
Teoria Mecânica do Dinamismo

I - Movimento Estimulado: O modulo da força induzida aumenta com o decorrer do tempo

a) Estimulado Progressivo: A força induzida está orientada a favor do sentido da trajetória

$i > 0$ e $f > 0$
$\Delta i > 0, \Delta t > 0$
$\Delta i = i_2 - i_1 = > 0$
$f_m = \Delta i/\Delta t > 0$

b) Estimulado Retrógrado: A força induzida está orientada contra o sentido da trajetória

$i < 0$ e $f < 0$
$\Delta i < 0, \Delta t > 0$
$\Delta i = i_2 - i_1 = < 0$
$f_m = \Delta i/\Delta t < 0$

O referido esquema representa o movimento estimulado. Nele a trajetória encontra-se orientada em duas situações distintas: a favor e contra o sentido da força induzida. A partir daí foi determinado os sinais da força induzida e da força dinâmica.

Observando o referido esquema, pode-se afirmar que:

I - *Quando a força induzida é positiva, a força dinâmica também é positiva. Tem-se então, o movimento estimulado progressivo.*

II - *Quando a força induzida é negativa, a força dinâmica também é negativa. Tem-se então, o movimento estimulado retrógrado.*

Disso conclui-se que, no movimento estimulado, a força induzida e a força dinâmica sempre apresentam o mesmo sinal; ou ambas são positivas ou ambas são negativas.

11. Movimento Destimulado

O estudo do movimento destimulado permite constatar que podem ocorrer as seguintes situações:

I - Movimento Destimulado Progressivo

Toda vez que o móvel se deslocar a favor da orientação da trajetória, o movimento destimulado é denominado por *progressivo*. Isto significa que a força induzida tem o mesmo sentido da orientação da trajetória.

II - Movimento Destimulado Retrógrado

Quando o ponto material se deslocar contra a orientação da trajetória, o movimento destimulado é chamado por *retrógrado*. Isto significa que a força induzida apresenta sentido contrário ao da orientação da trajetória.

12. Esquema do Movimento Destimulado

Para melhor fixar o que foi afirmado, observe as características do movimento destimulado no seguinte esquema:

II - Movimento Destimulado: O modulo da força induzida diminui no decorrer do tempo

a) Destimulado Progressivo: A força induzida está orientada a favor do sentido da trajetória

---

---

i > 0 e f < 0

$\Delta i = i_2 - i_1 = < 0$

$\Delta i < 0, \Delta t > 0$

$f_m = \Delta i / \Delta t < 0$

b) Destimulado Retrógrado: A força induzida está orientada contra o sentido da trajetória

i < 0 e f > 0

$\Delta i = i_2 - i_1 = > 0$

$\Delta i > 0, \Delta t > 0$

$f_m = \Delta i / \Delta t > 0$

No esquema considerado tem-se a caracterização do movimento destimulado. Nele nota-se que:

I - *Quando a força induzida apresenta o mesmo sentido da trajetória, ela é positiva e a força dinâmica é negativa. Tem-se então o chamado movimento destimulado progressivo.*

II - *Quando a força induzida apresenta sentido contrário ao da trajetória, ela é negativa e a força dinâmica é positiva. Neste caso o movimento é chamado por destimulado retrógrado.*

Logo, no movimento destimulado, a força induzida e a força dinâmica apresentam sinais contrários. Quando uma das forças é positiva a outra é negativa e vice-versa.

Portanto conclui-se que, para analisar se um determinado movimento é estimulado ou destimulado, é absolutamente necessário comparar os sinais da força induzida e da força dinâmica.

13. Função Velocidade

No movimento variado, além da velocidade variar no decurso do tempo, também a força induzida é função do tempo. Em qualquer intervalo de tempo que se considere, a força dinâmica média é sempre constante. Isto se deve ao fato da variação da força induzida no móvel ser proporcional ao intervalo de tempo. Este movimento variado particular de grande significado na natureza é denominado por *movimento uniformemente variado*.

14. Movimento Uniformemente Variado

Um ponto material em movimento uniformemente variado apresenta força induzida iguais em intervalos de tempos iguais. Quando isto ocorre é porque a força induzida varia uniformemente com o decorrer do tempo.

A força dinâmica é medida pela variação da força induzida no tempo. Ou seja, a variação da força induzida (Δi) é sempre a mesma no mesmo intervalo de tempo(Δt) e, portanto, a força dinâmica média (f_m) é constante. Por essa razão pode-se afirmar que a força induzida varia uniformemente com o tempo. Sendo que o valor constante da força dinâmica caracteriza o chamado *Movimento Uniformemente Variado*.

15. Função Força Induzida

No Movimento Uniformemente Variado, a força dinâmica é constante no decorrer do tempo.

Desse modo, como ($\Delta i/\Delta t$) é constante com o tempo, a força dinâmica instantânea é a própria força dinâmica média.

Se for considerado ($t_1 = 0$), tem-se que ($\Delta t = t - 0 = t$). Nesta condição a força induzida (i_1) será indicada por (i_0) denominada por força induzida inicial.

Assim, a força induzida inicial (i_0) é a força induzida do móvel no instante ($t = 0$). Sendo (i) a força induzida em um instante qualquer (t).

Portanto pode-se escrever que:

a) $\Delta i = i - i_0$
b) $\Delta t = t - 0 = t$

Logo se pode estabelecer que:

$$f = (i - i_0)/t$$

Isto conduz à seguinte expressão:

$$i = i_0 + f \cdot t$$

A referida expressão caracteriza o movimento uniformemente variado. Ela estabelece a intensidade de força induzida no decurso do tempo.

A cada valor de (t) obtêm-se, em correspondência, um valor para (i). Sendo que (i_0) e (f) são constantes com o tempo. Se ($i > 0$) o movimento é progressivo e se ($i < 0$) o movimento é retrógrado.

A referida função descreve a força induzida e fornece matematicamente a descrição da forma como a força induzida varia num corpo com o fluir do tempo.

Com isso fica claro que a força induzida é acrescentada ao móvel a cada momento, pela interação contínua da força dinâmica que atua nesse corpo em movimento. Ou seja, a interação da força dinâmica no móvel resulta, a cada instante,

Leandro Bertoldo
Teoria Mecânica do Dinamismo

em novos aumentos de força induzida, que são, dessa forma, conservadas.

Por sua vez o aumento progressivo da força induzida a cada instante provoca o efeito cinemático caracterizado pelo aumento progressivo da velocidade do móvel e que define o movimento uniformemente variado.

16. Força de Inércia

Por uma questão de simetria é absolutamente necessário definir o conceito de *força de inércia*.

Quando uma força externa atua sobre um corpo, parte dela é empregada para vencer a resistência oferecida pela força de inércia e a resultante emerge numa força dinâmica que provoca o efeito da força induzida. Sendo que na teoria do Dinamismo a força de inércia é definida como sendo igual ao quociente do ímpeto da inércia, inversa pela variação de tempo.

Simbolicamente o referido enunciado é expresso pela seguinte relação:

$$I = \Delta H / \Delta t$$

A referida equação mostrará a sua importância fundamental no decorrer do desenvolvimento da teoria do Dinamismo.

4. Dinamismo e Cinemática

1. Introdução

O presente *capítulo* tem por principal objetivo aplicar em Cinemática os conhecimentos e conceitos desenvolvidos pela teoria do Dinamismo.

Aqui será efetuada a análise do movimento em função de sua causa primordial. Por isso mesmo, trata-se de uma parte fundamental ao estudo da Mecânica, pois estabelece a relação existente em Cinemática e Dinamismo, aprofundando a compreensão do movimento, das forças, de suas leis e propriedades em geral.

2. Velocidade Média

Uma propriedade fundamental do movimento uniformemente variado é a *velocidade média* do movimento.

Portanto num intervalo de tempo a velocidade média é a média aritmética das velocidades definidas num intervalo de tempo.

Simbolicamente o referido enunciado pode ser expresso por:

$$V_m = (V + V_0)/2$$

3. Aceleração

A aceleração (α) de um corpo é definida como sendo a grandeza física que mede a variação da velocidade (ΔV) de um corpo no decorrer do tempo (Δt). Ela é expressa simbolicamente pela seguinte relação:

$$\alpha = \Delta V / \Delta t$$

4. Função da Velocidade em Relação ao Tempo

Em Cinemática o *movimento uniformemente variado* apresenta aceleração escalar (α) constante com o tempo (t) enquanto que a velocidade (V) varia de acordo com a seguinte função:

$$V = \phi\,(t)$$

No movimento uniformemente variado a aceleração é definida como sendo igual ao quociente da variação da velocidade inversa pela variação de tempo. O referido enunciado é expresso simbolicamente por:

$$\alpha = \Delta V / \Delta t$$

Porém sabe-se que:

$$\Delta V = V - V_0$$
$$\Delta t = t - t_0$$

Substituindo convenientemente as três últimas expressões, vem que:

$$\alpha = (V - V_0)/(t - t_0)$$

Considerando que:

$$t_0 = 0$$

Então se pode escrever que:

$$\alpha = (V - V_0)/t$$

Assim vem que:

$$V - V_0 = \alpha . t$$

Portanto resulta que:

$$V = V_0 + \alpha . t$$

A referida expressão é a função da velocidade em relação ao tempo, no movimento uniformemente variado. Ela permite conhecer o valor da velocidade de um corpo em cada instante, bastando conhecer os valores da velocidade inicial e da aceleração do móvel.

5. Função do Espaço em Relação ao Tempo.

Entretanto, para que a descrição do movimento seja completa, é necessário também conhecer a função que descreve como as posições (S) variam no decorrer do tempo (t). Com isso pode-se escrever que:

$$S = \phi (t)$$

Pode-se verificar facilmente que a referida função do movimento uniformemente variado é uma função do segundo grau dependente do tempo, conforme a demonstração que se segue.

Sabe-se que a velocidade média de um corpo em movimento uniformemente variado é expressa pela seguinte relação:

$$V_m = (V + V_0)/2$$

Sabendo-se que:

$$\Delta S = V_m . t$$

Portanto o espaço percorrido pelo móvel é caracterizado por:

$$\Delta S = (V + V_0) . t/2$$

Porém, também se sabe que:

$$V = V_0 + \alpha . t$$

Assim, substituindo convenientemente as duas últimas expressões, obtém-se que:

$$\Delta S = (V_0 + \alpha . t + V_0) . t/2$$

Logo vem que:

$$\Delta S = (2V_0 + \alpha . t) . t/2$$

que: Eliminando o termo em evidência, pode-se concluir

$$S - S_0 = V_0 \cdot t + \alpha \cdot t^2/2$$

Portanto resulta que:

$$S = S_0 + V_0 \cdot t + \alpha \cdot t^2/2$$

Na referida expressão (S_0) é a posição inicial, (V_0) representa a velocidade inicial e (α) é a aceleração constante do movimento uniformemente variado. Desse modo, pode-se obter o valor do espaço percorrido pelo móvel em cada instante, uma vez conhecido os valores do espaço inicial, velocidade inicial e aceleração. Esta equação mostra que o espaço percorrido pelo móvel é função do quadrado do tempo.

6. Equação de Torricelli

No movimento uniformemente variado a posição (S) e a velocidade (V) variam no decorrer do tempo. Suas funções apresentam as seguintes características:

a) $V = V_0 + \alpha \cdot t$
b) $S = S_0 + V_0 \cdot t + \alpha \cdot t^2/2$

Entretanto, é muito interessante considerar a expressão na qual a velocidade (V) varia em função da posição (S).

Nesta situação, eliminando a grandeza variável tempo, (t) entre as duas expressões anteriores, obtêm-se a chamada *equação de Torricelli*, conforme a demonstração que se segue.

Sabe-se que a velocidade de um móvel é avaliada pela equação de Galileu Galilei.

$$V = V_0 + \alpha \cdot t$$

Portanto, pode-se escrever que:

$$t = (V - V_0)/\alpha$$

Também foi demonstrado que a função horária do espaço é expressa por:

$$S = S_0 + V_0 \cdot t + \alpha \cdot t^2/2$$

Portanto pode-se escrever que:

$$S - S_0 = V_0 \cdot t + \alpha \cdot t^2/2$$

Substituindo convenientemente as duas últimas expressões, resulta que:

$$\Delta S = V_0 \cdot (V - V_0)/\alpha + \alpha/2 \cdot [(V - V_0)/\alpha]^2$$

$$\Delta S = V \cdot (V_0 - V^2_0)/\alpha + \alpha/2 \cdot [(V^2 - 2V) \cdot (V_0 + V^2_0)]/\alpha^2$$

Eliminando os termos em evidência, vem que:

$$\Delta S = (V \cdot V_0 - V^2_0)/\alpha + [(V^2 - 2V) \cdot (V_0 + V^2_0)]/2\alpha$$

Assim pode-se escrever:

$$\Delta S = [2V_0 \cdot (V - 2V^2_0) + (V^2 - 2V) \cdot (V_0 + V^2_0)]/2\alpha$$

Subtraindo os termos em comum, vem que:

$$\Delta S = (V^2 - V^2{}_0)/2\alpha$$

Portanto pode-se escrever que:

$$V^2 = V^2 + 2\alpha \cdot \Delta S$$

Esta expressão mostra que a velocidade (V) varia em função do espaço (S) de ($\Delta S = S - S_0$). Sendo que (V_0) representa a velocidade inicial do móvel e (α) representa a aceleração do movimento, podendo ser positiva ou negativa. A referida equação permite calcular a velocidade de um móvel em movimento uniformemente variado, sem a necessidade de conhecer a grandeza variável tempo.

7. Estímulo

De acordo com a teoria do Dinamismo, em qualquer movimento existem duas grandezas sempre presentes:
a) A força induzida (i).
b) A velocidade (V) do móvel.
A relação, existente entre força induzida e velocidade, tem sido denominada por *estímulo*.

No movimento uniformemente variado, o *estímulo* é a grandeza física associada ao movimento que relaciona a *variação* da força induzida com a *variação* da velocidade do ponto material.

Logo, a qualquer força induzida e velocidade associa-se a grandeza chamada *estímulo* para avaliar a variação de força induzida na variação de velocidade que o móvel apresenta.

Sob a interação da força induzida (i_1) a velocidade de um móvel será caracterizada por (V_1). Numa força induzida posterior (i_2) sua velocidade será representada por (V_2). Então, no intervalo de força induzida ($\Delta i = i_2 - i_1$) a variação de velocidade do móvel será ($\Delta V = V_2 - V_1$). Nestas condições, o estímulo (e) será expresso pela seguinte relação:

$$e = \Delta i / \Delta V = (i_2 - i_1)/(V_2 - V_1)$$

Assim, o estímulo é uma constante igual ao quociente da força induzida no móvel, inversa pela variação de velocidade que apresenta.

Observe que a referida relação é valida para qualquer tipo de movimento. Com essa condição, a teoria do Dinamismo apresenta um de seus aspectos unificadores entre a Cinemática e a Dinâmica.

8. Indutória

A indutória é uma grandeza física definida como sendo igual ao inverso do estímulo. Sendo que essa definição pode ser expressa simbolicamente por:

$$B = 1/e$$

A indutória estabelece que a velocidade é uma função da força induzida. Portanto, pode-se escrever que:

$$B = \Delta V / \Delta i$$

Com essa equação, novamente fica claro que a relação entre variação de velocidade e variação de força induzida é uma constante. Assim como o estímulo, a indutória é uma constante fundamental. Portanto o seu valor independe de qualquer circunstância em qualquer região do universo.

9. Dedução do Estímulo

O estímulo (e) pode ser deduzido como se segue abaixo. Partindo-se da *equação da força induzida* do movimento uniformemente variado, tem-se que:

$$i = i_0 + f \cdot t$$
$$i - i_0 = f \cdot t$$
$$t = (i - i_0)/f$$
$$t = \Delta i/f$$

Trabalhando agora com a *função da velocidade* do movimento uniformemente variado, tem-se que:

$$V = V_0 + \alpha \cdot t$$
$$V - V_0 = \alpha \cdot t$$
$$t = (V - V_0)/\alpha$$
$$t = \Delta V/\alpha$$

Igualando convenientemente os valores obtidos para (t), resulta que:

$$\Delta i/f = \Delta V/\alpha$$

Portanto, pode-se escrever que:

$$\Delta i / \Delta V = f/\alpha$$

Como o estímulo (e) é definido por:

$$e = \Delta i / \Delta V$$

Então se pode concluir que:

$$e = f/\alpha$$

Logo o estímulo pode ser definido como sendo igual à relação matemática existente entre a força dinâmica pela aceleração do móvel.

Isto significa que o estímulo é constante, pois resulta da relação existente entre dois valores constantes.

10. Unidade de Estímulo

O estímulo mede a relação existente entre a força induzida de um móvel pela velocidade adquirida pelo mesmo. Com isso o estímulo é expresso em unidades de força induzida por unidade de velocidade. Ou seja:

Unidade de Estímulo (e) = Unidade de Força Induzida (i)/Unidade de Velocidade (V)

Portanto, pode-se escrever que:

Unidade de Estímulo = Unidade de Força/Unidade de Comprimento/Unidade de tempo

Logo vem que:

Unidade de Estímulo = Unidade de Força x Unidade de Tempo/Unidade de Comprimento

---

Desse modo observa-se que a unidade de estímulo é expressa em unidade de força (N, dina) vezes unidade de tempo (h, s) divididos por unidade de comprimento (Km, m, cm). Pode-se notar que quando (Δi) for positiva, (ΔV) também será positiva. Quando (Δi) for negativa, (ΔV) também será negativa. Em resumo, a força induzida e a velocidade apresentam sempre os mesmos sinais. Portanto, pela definição de estímulo (Δi/ΔV), pode-se concluir que o mesmo será sempre positivo.

11. Estímulo Constante

Quando um móvel sofre a ação de forças induzidas iguais, em intervalo de velocidades iguais, o seu estímulo em qualquer intensidade de força induzida apresenta sempre o mesmo valor. Então se afirma que o estímulo é constante no decorrer do movimento do ponto material.

No decorrer do presente tratado, será verificado que o estímulo é caracterizado por uma constante universal que relaciona a força induzida com a velocidade de um móvel.

12. Função Velocidade

O Dinamismo estabelece que em todo e qualquer tipo de movimento a velocidade (V) varia (Δ) em função da força induzida (i). E a expressão matemática que relaciona a

Leandro Bertoldo
Teoria Mecânica do Dinamismo

velocidade (V) de um móvel com a sua força induzida (i) é denominada por *função velocidade*. Ela é representada genericamente por:

$$V = \phi \, (i)$$

de (i).
Na referida igualdade pode-se ler que: *(V) é função (ϕ)*

13. Equação Cine-Dina

Um ponto material em movimento adquire velocidades iguais em intensidades de forças induzidas iguais. Logo se pode afirmar que a indutória (B) é constante com a força induzida.

$$B = \Delta V / \Delta i = (V_2 - V_1)/(i_2 - i_1)$$

Portanto pode-se escrever que:

$$B \cdot (i_2 - i_1) = V_2 - V_1$$

Com isso resulta que:

$$V_2 = V_1 + B \cdot (i_2 - i_1)$$

Se considerar ($i_1 = 0$). A velocidade (V_1) será indicada por (V_0) chamada velocidade inicial. Portanto, a velocidade inicial (V_0) é a velocidade do móvel na força induzida ($i = 0$).

Logo, estabelecendo que ($i_1 = 0$) e ($V_1 = V_0$), na expressão anterior, vem que:

$$V_2 = V_0 + B \cdot i_2$$

Pelo mesmo raciocínio, considerando (i_2) como uma força induzida genérica qualquer (i), tem-se também como consequência que (V_2) será uma velocidade genérica (V) qualquer. Desse modo pode-se concluir que:

$$V = V_0 + B \cdot i$$

A referida expressão caracteriza e descreve qualquer tipo de movimento. A cada valor de (i) obtém-se em correspondência um valor para (V). Essa expressão caracteriza a função velocidade dos movimentos. Ela descreve o movimento fornecendo matematicamente a variação da velocidade em função da força induzida. Nessa expressão (V_0) e (B) são constantes na intensidade de força induzida. Logo a velocidade (V) varia somente em função da força induzida (i). Quando o movimento é progressivo tem-se que: (V > 0) e (i > 0). Quando o movimento é retrógrado tem-se que: (V < 0) e (i < 0).

14. Classificação Dos Movimentos

Na Teoria da Mecânica Clássica, os movimentos são classificados em duas amplas categorias.

I - Movimento Uniforme
O movimento uniforme apresenta velocidade e força induzida constantes no decorrer do tempo. Ou seja, a força

induzida e a velocidade média do móvel em qualquer intervalo de tempo apresentam sempre o mesmo valor.

Quando isso ocorre pode-se afirmar que a velocidade e a força induzida são constantes no decorrer do tempo. Nesse tipo de movimento o ponto material é caracterizado por uma força induzida constante, e percorre distâncias iguais em intervalo de tempos iguais.

Portanto, a expressão $(V = V_0 + B \cdot i)$, é perfeitamente válida para caracterizar a descrição do chamado *Movimento Uniforme*. Pois quando a força induzida (i) for constante, a velocidade (V) também o será.

$$V_{cte} = V_0 + B \cdot i_{cte}$$

Nesta expressão está implícita a primeira Lei de Newton, bem como a explicação de sua causa, como sendo devido a conservação da força induzida no móvel com o passar do tempo.

II - Movimento Variado

Os movimentos variados são aqueles que apresentam força induzida e velocidade variando no decorrer do tempo. Sendo que a expressão matemática $(V = V_0 + B \cdot i)$, caracteriza perfeitamente o chamado *Movimento Variado*, pois a velocidade é função da força induzida.

Logo, pode-se verificar que a expressão $(V = V_0 + B \cdot i)$, é muito mais fundamental do que se tem considerado. Ela representa a generalização entre o movimento uniforme e o movimento variado.

Leandro Bertoldo
Teoria Mecânica do Dinamismo

15. Resumo

Mais uma vez fica claro que a força induzida conservada num móvel é a causa primordial de sua velocidade. Sendo que essa velocidade será tanto maior quanto maior for a força induzida transportada pelo móvel. E se a força induzida for constante, a velocidade também será constante. Se a força induzida variar, a velocidade também sofrerá variação. E a forma como a força induzida sofre variação permite classificar do tipo de movimento apresentado pelo móvel.

A seguir será apresentado um resumo matemático dos principais pontos abordados até o presente momento nesta obra.

I - Repouso
$$i = 0 \sim V = 0$$

II - Movimento Uniforme (MU)
a) $i = cte \neq 0 \sim V = cte \neq 0$
b) $f = 0 \sim \alpha = 0$

III - Movimento Uniformemente Variado (MUV)
a) $i = i_0 + f \cdot t$
b) $f = cte \neq 0$
c) $V = V_0 + B \cdot i$
d) $B = cte \neq 0$
e) $e = cte \neq 0$
f) $\alpha = cte \neq 0$
g) $V = V_0 + \alpha \cdot t$
h) $S = S_0 + V_0 \cdot t + \alpha \cdot t^2/2$
i) $V^2 = V^2 + 2\alpha \cdot \Delta S$

Leandro Bertoldo
Teoria Mecânica do Dinamismo

IV - Força Dinâmica

a) $f = \Delta i/\Delta t = (i_2 - i_1)/(t_2 - t_1)$
b) $f = e \cdot \alpha$

V - Estímulo

Constante universal, sempre positivo (e > 0).
$e = 1/B$

VI - Indutória

$B = \Delta V/\Delta i = (V_2 - V_1)/(i_2 - i_1)$

VII - Movimentos

1°. Movimento Progressivo:
A posição do móvel cresce no decorrer do tempo:
(i > 0), (V > 0)

2°. Movimento Retrógrado:
A posição do móvel decresce com o passar do tempo:
(i < 0), (V < 0)

3°. Movimento Estimulado:
a) O módulo de (i) e (V) cresce com o tempo.
b) Os pares (i, V) e (f, α) apresentam o mesmo sinal.

4°. Movimento Destimulado:
a) O módulo de (i) e (V) decresce com o tempo.
b) Os pares (i, V) e (f, α) apresentam sinais contrários.

5°. O par (i, V) sempre apresenta os mesmos sinais.

6°. O par (f, α) sempre apresenta os mesmos sinais.

16. Equação do Espaço no Movimento Uniforme

No movimento uniforme a variação de espaço percorrido por um móvel é igual ao produto entre a velocidade pela variação de tempo.

Simbolicamente o referido enunciado é expresso por:

$$\Delta S = V \cdot \Delta t$$

Ocorre que no movimento uniforme a velocidade de um móvel é igual à relação entre a força induzida transportada pelo móvel pelo valor do estímulo. Logo, o referido enunciado pode ser expresso simbolicamente pela seguinte relação matemática:

$$V = i/e$$

Substituindo convenientemente as duas últimas expressões pode-se concluir que:

$$\Delta S = i \cdot \Delta t/e$$

17. Equação do Espaço no Movimento Uniformemente Variado

A variação do espaço percorrido por um móvel em movimento uniformemente variado a partir do repouso é igual à metade do valor da aceleração multiplicada pelo quadrado da variação de tempo.

Simbolicamente o referido enunciado é expresso por:

$$\Delta S = \alpha \cdot \Delta t^2/2$$

Foi demonstrado na teoria do Dinamismo que a aceleração de um móvel é igual ao quociente da força dinâmica, inversa pelo estímulo.

O referido enunciado é expresso pela seguinte relação:

$$\alpha = f/e$$

Substituindo convenientemente as duas últimas expressões conclui-se que:

$$\Delta S = f \cdot \Delta t^2/2e$$

18. Relação (I)

No presente livro foi demonstrado que a variação de força induzida é igual ao produto existente entre a força dinâmica pela variação de tempo.

Simbolicamente o referido enunciado é expresso por:

$$\Delta i = f \cdot \Delta t$$

Também foi demonstrado que:

$$\Delta S = f \cdot \Delta t^2/2e$$

Substituindo convenientemente as duas últimas expressões, resulta que:

$$\Delta S = \Delta i \cdot \Delta t/2e$$

19. Relação (II)

Pode-se afirmar que a variação de tempo é igual à relação matemática entre a variação de força induzida pela força dinâmica.

Simbolicamente o referido enunciado é expresso por:

$$\Delta t = \Delta i/f$$

Foi demonstrado que:

$$\Delta S = \Delta i \cdot \Delta t/2e$$

Substituindo convenientemente as duas últimas expressões, obtém-se que:

$$\Delta S = \Delta i^2/2e \cdot f$$

20. Força Dinâmica Centrípeta

A aceleração centrípeta de um corpo é definida na Mecânica Clássica como sendo igual ao quociente do quadrado da velocidade do móvel inversa pelo raio da órbita.

Simbolicamente o referido enunciado é expresso pela seguinte relação matemática:

$$\alpha_c = V^2/r$$

Ocorre que a força dinâmica centrípeta é igual ao produto entre o estímulo pela aceleração centrípeta.

Simbolicamente o referido enunciado é expresso pela seguinte equação:

$$f_c = e . \alpha_c$$

Substituindo convenientemente as duas últimas expressões, vem que:

$$f_c = e . \alpha_c = e . V^2/r$$

Ou seja:

$$f_c = e . V^2/r$$

Com esse resultado fica claro que a força centrípeta é diretamente proporcional ao quadrado da velocidade do móvel e inversamente proporcional ao raio da órbita.

21. Relação (III)

Sabe-se que a força induzida é igual ao produto entre o estímulo pela velocidade. Assim pode-se escrever simbolicamente que:

$$i = e . V$$

Foi demonstrado no item anterior que:

$$f_c = e . V^2/r$$

Substituindo convenientemente as duas últimas expressões, vem que:

$$f_c = i . V/r$$

Esse resultado permite concluir que a força dinâmica centrípeta é igual à força induzida conservada no móvel multiplicada por sua velocidade e inversa pelo raio da órbita.

22. Relação (IV)

Pode-se afirmar que a velocidade é igual à relação matemática entre a força induzida pelo estímulo.

Simbolicamente o referido enunciado é expresso por:

$$V = i/e$$

Foi demonstrado que:

$$f_c = i \cdot V/r$$

Substituindo convenientemente as duas últimas expressões, vem que:

$$f_c = i^2/r \cdot e$$

Portanto, pode-se afirmar que a força dinâmica centrípeta é igual ao quadrado da força induzida, inversa pelo produto existente entre o raio da órbita pelo estímulo.

Essa equação mostra que um corpo em movimento circular numa órbita possui uma força induzida conservada.

Leandro Bertoldo
Teoria Mecânica do Dinamismo

5. Lançamento e Queda Livre

1. Introdução

O presente *capítulo* preocupa-se em apresentar o estudo da queda livre dos corpos abandonado no vácuo, próximos à superfície da Terra. Aqui será considerado, especialmente, o estudo do lançamento na vertical, o qual apresenta a mesma descrição do movimento em queda livre.

2. Queda Livre

Quando se analisa o deslocamento de um móvel numa região próxima à superfície do planeta, onde existe um vácuo ou, então, se considera desprezível a ação do ar, tem-se a chamada *queda livre*.

O estudo do movimento em *queda livre* é idêntico ao de um *lançamento na vertical*, tendo em vista que ambos são descritos pelas mesmas funções.

3. Síntese

As experiências sobre a queda livre dos corpos permitem obter algumas conclusões fundamentais.

Desprezada a resistência do ar, pode-se estabelecer que:

a) *Todos os corpos em queda livre apresentam peso nulo.*

Leandro Bertoldo
Teoria Mecânica do Dinamismo

b) *Todos os corpos, independentemente de seu peso ou massa, caem sob a ação da mesma força dinâmica.*

c) *Próximos da superfície do planeta, a força induzida é diretamente proporcional ao tempo.*

d) *Próximo da superfície do planeta, a força dinâmica é constante.*

e) *Em qualquer lugar da superfície do planeta, a velocidade de queda é proporcional à força induzida.*

f) *Se a força dinâmica é constante, decorre que o movimento de um corpo em queda livre é uniformemente variado.*

g) *O lançamento na vertical só difere da queda livre pelo fato de apresentar uma intensidade de força induzida inicial vertical.*

h) *Tanto a queda livre como o lançamento na vertical é descrito por um movimento uniformemente variado.*

i) *Tanto no lançamento vertical como em queda livre, a função que descreve o movimento é a mesma.*

4. Força Dinâmica Gravitacional

A *força dinâmica* de um móvel em queda livre é denominada por *força dinâmica gravitacional*, sendo representada pela letra (f).

Seu valor sofre variação com a latitude, altitude, etc. E, por causa da rotação do planeta, é menor no Equador do que nos polos.

Para uniformizar o valor da força dinâmica gravitacional, o mesmo deverá ser avaliado a uma latitude de 45° ao nível do mar.

5. Queda e Lançamento

Num corpo em queda livre, o módulo da força induzida no móvel aumenta e, portanto, o módulo de sua velocidade também aumenta. Nesse caso, o movimento é chamado por *estimulado*.

Quando o corpo é lançado verticalmente para cima, o módulo da força induzida diminui, pois a mesma é extraída do ponto material e, logicamente, a velocidade diminui. Nesse caso o movimento é chamado por *destimulado*.

À medida que o móvel lançado verticalmente vai atingindo as alturas, sua força induzida decresce até se anular numa altura máxima. Nesse ponto o móvel muda o sentido do seu movimento e cai em um movimento estimulado gravitacional.

Nessas condições a força induzida no móvel sofre variações, muito embora a força dinâmica gravitacional permaneça constante.

6. Descrição Algébrica

Para se estudar a descrição algébrica dos movimentos dentro dos conceitos da teoria do Dinamismo, devem-se considerar os sinais algébricos da força induzida e da força dinâmica que, respectivamente, são idênticos aos sinais algébricos da velocidade e aceleração.

Analisando, segundo as convenções algébricas, podem ocorrer as seguintes situações:

I - Orientando a Trajetória Para Cima
Conforme tal orientação, a força induzida é positiva ($i > 0$) no lançamento vertical e negativa ($i < 0$) em queda livre.

No lançamento vertical, o movimento é *destimulado*, (o móvel perde força induzida) e a força dinâmica é negativa ($f < 0$).

Em queda livre, o movimento é *estimulado* e a força dinâmica continua negativa ($f < 0$).

Portanto, orientando a trajetória para *cima*, no percurso subida ou descida, ocorre apenas a mudança do sinal da *força induzida* e, portanto, da velocidade. Ou seja, a *força dinâmica* é negativa independentemente do móvel ser lançado verticalmente para *cima* ou estar em queda livre (-f).

II - Orientando a Trajetória Para Baixo
Com relação a tal orientação, a força induzida é negativa ($i < 0$) em lançamento vertical e positiva ($i > 0$) em queda livre. No lançamento vertical, o movimento é chamado por *destimulado*, (o móvel perde força induzida) e a força dinâmica é positiva ($f > 0$). Em queda livre, o movimento é chamado por *estimulado* e a força dinâmica continua positiva ($f > 0$).

Portanto, orientando a trajetória para baixo, somente a *força induzida* muda de sinal e a *força dinâmica* permanece positiva, independentemente do móvel ser lançado verticalmente ou estar em queda livre (+f).

Logo, no lançamento vertical ou na queda livre, o sinal algébrico da força dinâmica somente é estabelecido pela orientação da trajetória e, portanto, não depende do fato do móvel estar subindo ou descendo. Pois conforme foi verificado, subir ou descer está apenas associado ao sinal da força induzida.

7. Funções do Movimento Uniformemente Variado

Um corpo em queda livre ou em lançamento vertical apresenta movimento uniformemente variado. E as funções que descrevem e explicam tal movimento, são as seguintes:

a) $i = i_0 + f \cdot t$
b) $V = V_0 + g \cdot t$
c) $V = V_0 + B \cdot i$
d) $V^2 = V^2 + 2g \cdot \Delta x$
e) $S = S_0 + V_0 \cdot t + g \cdot t^2/2$

Onde a letra (g) representa a aceleração da gravidade. Os demais símbolos que aparecem nessas funções já são conhecidos, pois são os mesmos utilizados em capítulos anteriores.

A força dinâmica é positiva (+f) quando a trajetória é orientada para o centro do planeta e, negativa (-f) quando a trajetória é orientada em sentido oposto ao centro do planeta. Isto independentemente do móvel ser lançado verticalmente ou estar em queda livre. O sentido do movimento (lançamento vertical ou queda livre) é expresso pelo sinal algébrico da força induzida.

As funções apresentadas descrevem e explicam tanto o lançamento vertical quanto a queda livre do móvel.

Leandro Bertoldo
Teoria Mecânica do Dinamismo

6. Dinamismo e Gravitação Universal

1. Introdução

Sem nenhuma dúvida, um dos mais atraentes temas da Física Clássica é o da gravitação universal. E neste *capítulo* será estudada entre outros temas, a força dinâmica gravitacional, dentro de sua definição universal.

2. Lei da Gravitação Universal

No século XVII, o grande físico inglês Isaac Newton (1642-1727) estabeleceu que a força de interação entre a matéria é diretamente proporcional ao produto das massas dos corpos e inversamente proporcional ao quadrado da distância entre seus centros.

Se (M) é a massa de um planeta, (d) a distância entre o centro do planeta até um ponto considerado, (G) a constante de gravitação e (g) a aceleração gravitacional, pode-se representar, simbolicamente, o enunciado anterior pela seguinte equação:

$$F = G \cdot M \cdot m/d^2$$

A constante de proporcionalidade (G) é denominada por "constante de gravitação universal". Seu valor experimental no Sistema Internacional é o seguinte:

$$G = 6,67 \cdot 10^{-11} \; N \; m^2/Kg^2$$

Desse modo, no Universo, todos os corpos sofrem uma interação à distância. Essa interação manifesta o seu efeito sob a forma de uma força atrativa.

3. Aceleração da Gravidade

Sabe-se que a intensidade da força externa (F) que interage num corpo imerso num campo gravitacional é expressa por:

$$F = m \cdot g$$

Ocorre que Newton demonstrou que a força de atração entre dois corpos é expressa por:

$$F = G \cdot M \cdot m/d^2$$

Substituindo convenientemente as duas últimas expressões resulta que:

$$m \cdot g = G \cdot M \cdot m/d^2$$

Eliminando os termos em evidência resulta que:

$$g = G \cdot M/d^2$$

A referida expressão permite calcular a aceleração da gravidade em função da massa do planeta e da distância que separa um ponto em relação ao centro desse planeta. Em outras palavras, a aceleração da gravidade não depende do corpo imerso no campo gravitacional, mas depenas apenas da massa do planeta e da distância que separa o centro do planeta a um ponto externo à superfície do planeta.

4. Força Dinâmica Gravitacional

Sob a perspectiva da teoria do Dinamismo, pode-se afirmar que todos os corpos imersos num campo gravitacional ficam sujeitos a uma *força dinâmica* de origem gravitacional. Na realidade pode-se verificar que a força dinâmica gravitacional é função do inverso do quadrado da distância e depende da massa (M) do planeta considerado.

Foi apresentado que a força dinâmica gravitacional num corpo imerso num campo gravitacional é igual ao produto entre o estímulo pela aceleração da gravidade. Simbolicamente o referido enunciado é expresso por:

$$f = e \cdot g$$

Foi demonstrado que a aceleração da gravidade é diretamente proporcional à massa do planeta e inversamente proporcional ao quadrado da distância. Sendo que o referido enunciado é expresso simbolicamente pela seguinte relação:

$$g = G \cdot M/d^2$$

Substituindo convenientemente as duas últimas expressões, obtém-se que:

$$f/e = G \cdot M/d^2$$

Logo resulta que:

$$f = e \cdot G \cdot M/d^2$$

Como o produto entre duas constantes resulta numa constante genérica pode-se escrever que:

$$k = e . G$$

Substituindo convenientemente as duas últimas expressões vem que:

$$f = k . M/d^2$$

Portanto pode-se concluir que a referida lei pode ser expressa nos seguintes termos: Um ponto material qualquer fica sujeito a uma força dinâmica de origem gravitacional, denominada por *força dinâmica gravitacional*, cuja intensidade é diretamente proporcional à massa do planeta e inversamente proporcional ao quadrado da distância que separa um ponto do centro do planeta.

5. Relação Entre Peso e Força Externa

Sabe-se que o peso de um corpo imerso num campo gravitacional apresenta uma intensidade de força expressa por:

$$p = m . f$$

Newton estabeleceu que a força de atrai um corpo para o centro da Terra apresenta a seguinte intensidade:

$$F = G . M . m/d^2$$

Substituindo convenientemente as duas últimas expressões, vem que:

$$F = G \cdot M \cdot p/f \cdot d^2$$

Portanto pode-se escrever que:

$$F \cdot f/p = G \cdot M/d^2$$

6. Força Dinâmica Gravitacional e Altura

Na lei da gravitação universal considere que a letra (m) representa a massa de um corpo localizado a uma altura (h) em relação à "superfície" da Terra. Considere também que a letra (M) representa a massa do planeta. E que a letra (R) representa o raio da Terra.

Portanto a distância que separa um corpo do centro da Terra é igual à soma entre o raio da Terra com a altura em relação à superfície do planeta.

Simbolicamente o referido enunciado é expresso por:

$$d = R + h$$

Foi demonstrado que a força dinâmica gravitacional é expressa por:

$$f = k \cdot M/d^2$$

Substituindo convenientemente as duas últimas expressões vem que:

$$f = k \cdot M/(R + h)^2$$

Onde a letra (k) representa o produto entre o estímulo () pela constante de gravitação universal (G).

7. Força Dinâmica Gravitacional na Superfície do Planeta

Foi demonstrado no presente estudo que a força dinâmica gravitacional varia com a altura conforme a seguinte expressão:

$$f = k \cdot M/(R + h)^2$$

Entretanto se o corpo estiver na superfície do planeta, a altura será nula. Portanto, simbolicamente, o referido enunciado é expresso por:

$$h = 0$$

Portanto pode-se concluir que na superfície do planeta a força dinâmica gravitacional será expressa por:

$$f_0 = k \cdot M/R^2$$

Como a letra (k) representa o produto existente entre (e) e (G), pode-se escrever que:

$$f_0 = e \cdot G \cdot M/R^2$$

Nessa expressão a letra (R) representa o raio do planeta. De acordo com a referida expressão, a força dinâmica gravitacional (f) à superfície do planeta é praticamente constante, pois os termos envolvidos na equação supramencionada são praticamente constantes.

8. Força Dinâmica Gravitacional a Partir da Superfície

Se um ponto material estiver a certa altura (h) a partir da superfície do planeta, sua força dinâmica (f) gravitacional diminui, conforme a seguintes demonstrações:

$$f = e \cdot G \cdot M/d^2$$

Entretanto como $(d = R + h)$, vem que:

$$f = e \cdot G \cdot M/(R + h)^2$$

Da expressão: $(f_0 = e \cdot G \cdot M/R^2)$, vem que:

$$e \cdot G \cdot M = f_0 \cdot R^2$$

Portanto, substituindo convenientemente as duas últimas expressões, vem que:

$$f = f_0 \cdot R^2/(R + h)^2$$

Logo, a força dinâmica gravitacional à altitude (h) da superfície do planeta pode ser expressa pela seguinte equação:

$$f = f_0 \cdot [R/(R + h)]^2$$

Evidentemente as expressões consideradas fornecem a força dinâmica gravitacional de qualquer planeta. Basta considerar (M) a massa do planeta, (R) o raio do planeta e (h) a altitude do ponto material no planeta analisado.

Leandro Bertoldo
Teoria Mecânica do Dinamismo

9. Peso de um Corpo

Um corpo imerso num campo gravitacional e estando em repouso em relação ao centro do planeta apresenta um peso expresso pela seguinte equação:

$$p = m . f$$

Sabe-se que a força dinâmica gravitacional é expressa pela seguinte relação matemática:

$$f = k . M/d^2$$

Substituindo convenientemente as duas últimas expressões, resulta que:

$$p = k . M . m/d^2$$

10. Peso e Altura

Foi apresentado que o peso de um corpo é expresso pelo produto entre a massa desse corpo pela força dinâmica gravitacional do planeta. Simbolicamente o referido enunciado é expresso por:

$$p = m . f$$

No presente estudo foi demonstrado que a força dinâmica gravitacional do planeta varia com a altura conforme prevê a seguinte expressão matemática:

$$f = k . M/(R + h)^2$$

Substituindo convenientemente as duas últimas expressões, vem que:

$$p = k \cdot M \cdot m/(R + h)^2$$

11. Peso na Superfície do Planeta

Foi demonstrado que o peso de um corpo varia com a altura conforme a seguinte expressão:

$$p = k \cdot M \cdot m/(R + h)^2$$

Porém se o corpo estiver na superfície do planeta, a altura será nula. Portanto pode-se escrever que:

$$h = 0$$

Logo se conclui que na superfície do planeta um corpo apresenta peso conforme a seguinte equação:

$$p_0 = k \cdot M \cdot m/R^2$$

12. Peso em Relação à Superfície

No presente estudo foi demonstrado que o peso de um corpo varia com a altura conforme a seguinte expressão:

$$p = k \cdot M \cdot m/(R + h)^2$$

Também foi demonstrado que o peso de um corpo na superfície do planeta é expresso por:

$$p_0 = k \cdot M \cdot m/R^2$$

Igualando convenientemente as duas últimas expressões, vem que:

$$k \cdot M \cdot m = p \cdot (R + h)^2 = p_0 \cdot R^2$$

Logo se pode concluir que:

$$p = p_0 \cdot R^2/(R + h)^2$$

13. Força Dinâmica, Distância e Raio.

Foi demonstrado que a força dinâmica gravitacional varia com a distância conforme a seguinte expressão:

$$f = k \cdot M/d^2$$

Também foi demonstrado que a força dinâmica na superfície do planeta é expressa por:

$$f_0 = k \cdot M/R^2$$

Igualando convenientemente as duas últimas expressões, obtém-se que:

$$k \cdot M = f \cdot d^2 = f_0 \cdot R^2$$

Portando pode-se escrever que:

$$f/f_0 = R^2/d^2$$

14. Peso, Distância e Raio.

No presente estudo foi demonstrado que o peso de um corpo varia com a distância conforme a seguinte expressão:

$$p = k \cdot M/d^2$$

Foi demonstrado que o peso de um corpo na superfície do planeta é expresso por:

$$p_0 = k \cdot M/R^2$$

Igualando convenientemente as duas últimas expressões, obtém-se que:

$$k \cdot M = p \cdot d^2 = p_0 \cdot R^2$$

Logo se tem a seguinte igualdade:

$$p/p_0 = R^2/d^2$$

15. Força Dinâmica, Peso e Distância.

Foi demonstrado no presente estudo que a força dinâmica gravitacional guarda relação com a distância, conforme a seguinte expressão:

$$f/f_0 = R^2/d^2$$

Também foi demonstrado que o peso de um corpo tem relação com a distância, conforme a seguinte igualdade:

$$p/p_0 = R^2/d^2$$

Igualando convenientemente as duas últimas expressões, resulta que:

$$p/p_0 = f/f_0 = R^2/d^2$$

16. Velocidade de Um Corpo em Órbita

A força externa de atração que atua num corpo em órbita é expressa por:

$$F = G . M . m/d^2$$

Sabe-se que a força externa gravitacional é igual à força centrípeta do movimento. Logo, simbolicamente, pode-se escrever que:

$$F = F_c$$

Também se sabe que a força centrípeta de um corpo em órbita é expressa por:

$$F_c = m . V^2/d$$

Substituindo convenientemente as três últimas expressões, obtém-se que:

$$m . V^2/d = G . M . m/d^2$$

Eliminando os termos em evidência resulta que:

$$V^2 = G . M/d$$

Leandro Bertoldo
Teoria Mecânica do Dinamismo

A referida expressão caracteriza a velocidade de um corpo em órbita.

17. A Força Dinâmica e a Velocidade Orbital

Considere um satélite em órbita circular em torno de um planeta. Sabe-se que a interação gravitacional é responsável pela força dinâmica centrípeta que mantém o satélite em órbita. Também se sabe que a força dinâmica centrípeta é igual à força dinâmica gravitacional.

Simbolicamente o referido enunciado é expresso por:

$$f_c = f$$

A força dinâmica centrípeta é expressa pela seguinte equação:

$$f_c = e \cdot V^2/d$$

Sabe-se que a força dinâmica gravitacional é expressa por:

$$f = e \cdot G \cdot M/d^2$$

Substituindo convenientemente as três últimas expressões, vem que:

$$e \cdot V^2/d = e \cdot G \cdot M/d^2$$

Eliminando os termos em evidência, resulta que:

$$V^2 = G \cdot M/d$$

Portanto pode-se concluir que o quadrado da velocidade orbital de um satélite é diretamente proporcional à massa do planeta e inversamente proporcional à distância que separa o centro do planeta do centro do satélite.

18. Força Induzida de Um Corpo em Órbita

Foi apresentada a demonstração de que o quadrado da velocidade de um corpo em órbita é diretamente proporcional à massa do planeta e inversamente proporcional à distância. O referido enunciado é expresso simbolicamente pela seguinte igualdade:

$$V^2 = G \cdot M/d$$

Foi apresentado que a força induzida de um corpo é igual ao produto entre o estímulo pela velocidade. Sendo que o referido enunciado pode ser expresso simbolicamente por:

$$i = e \cdot V$$

Elevando todos os termos ao quadrado, obtém-se que:

$$i^2 = e^2 \cdot V^2$$

Substituindo convenientemente as últimas expressões, obtém-se que:

$$i^2/e^2 = G \cdot M/d$$

Assim vem que:

$$i^2 = e^2 \cdot G \cdot M/d$$

Leandro Bertoldo
Teoria Mecânica do Dinamismo

Como o produto entre o quadrado do estímulo pela constante de gravitação universal resulta numa constante genérica, pode-se escrever que:

$$C = e^2 \cdot G$$

Substituindo convenientemente as duas últimas expressões, obtém-se que:

$$i^2 = C \cdot M/d$$

Portanto pode-se afirmar que o quadrado da força induzida de um corpo em órbita é proporcional ao quociente da massa do planeta e inversamente proporcional à distância que separa esse corpo do centro do planeta.

Leandro Bertoldo
Teoria Mecânica do Dinamismo

7. Dinamismo da Dinâmica

1. Introdução

O Dinamismo da Dinâmica é a parte da Mecânica que estuda os fenômenos Dinâmicos dentro dos conceitos do dinamismo.

Neste *capítulo* será considerado o conceito de ponto material. Eles possuem uma quantidade de matéria denominada por *massa*. A massa é uma grandeza escalar associada à quantidade de matéria do corpo.

2. Peso

O peso pode ser definido como sendo a ação da força dinâmica gravitacional sobre a massa de um corpo em repouso em relação a um referencial inercial.

Em Dinamismo o peso da matéria imersa num campo gravitacional é igual ao produto existente entre sua massa pela força dinâmica gravitacional. Sendo que tal enunciado é expresso simbolicamente por:

$$p = m \cdot f$$

Sendo que a letra (p) representa o peso do corpo de massa (m) e, a letra (f) representa a força dinâmica gravitacional que produz em sua direção e sentido.

O enunciado anterior deixa de ser válido se a massa da partícula variar, fato que ocorre no mundo das partículas elementares.

3. Impulsão

A impulsão é uma grandeza vetorial e dentro da teoria do Dinamismo é fundamental importância para o estudo dos *choques mecânicos*. A grandeza em questão é a *impulsão de uma força*. Ela é igual ao peso vezes o intervalo de tempo. Portanto, pode-se escrever simbolicamente que:

$$D = p \cdot \Delta t$$

A impulsão (D) é uma grandeza vetorial e possui intensidade, direção e sentido.

4. Quantidade de Dinamismo

A quantidade de dinamismo de um corpo de massa (m) e de força induzida (i) analisada num determinado referencial é expressa pela seguinte grandeza vetorial:

$$q = m \cdot i$$

A quantidade de dinamismo é uma grandeza vetorial e possui intensidade, direção e sentido. É igual ao produto existente entre a massa pela força induzida.

Leandro Bertoldo
Teoria Mecânica do Dinamismo

5. Teorema da Impulsão

Foi demonstrada nessa obra a seguinte verdade:

a) $p = m . f$
b) $f = \Delta i / \Delta t$

Substituindo convenientemente as duas últimas expressões, vem que:

$$p = m . \Delta i / \Delta t$$

Portanto, resulta que:

$$p . \Delta t = m . \Delta i$$
$$p . \Delta t = m . (i - i_0)$$
$$p . \Delta t = m . i - m . i_0$$

Porém, sabe-se que:

$$D = p . \Delta t$$
$$q = m . i$$
$$q_0 = m . i_0$$

Substituindo convenientemente as quatro últimas expressões, vem que:

$$D = q - q_0$$
$$D = \Delta q$$

Logo, a impulsão da força numa intensidade de força induzida é igual à variação da quantidade de dinamismo do ponto material no mesmo intervalo e intensidade de força induzida. O referido enunciado é chamado por *teorema da impulsão*. Ele tem validade geral para todo tipo de movimento. Esse teorema estabelece um importante critério para a avaliação da quantidade de dinamismo. A variação (Δq = q - q_0) é a impulsão.

6. Conservação da Quantidade de Dinamismo

Considerando um sistema de pontos materiais isolados da ação de forças externas, pode-se afirmar que a resultante dessas forças é nula e também é nula sua impulsão.

Pelo teorema da impulsão pode-se escrever que:

$$D = q - q_0$$

Como (D = 0), pode-se concluir que (q - q_0 = 0), portanto:

$$q = q_0$$

Decorre que a quantidade de dinamismo permanece constante. Desse movo pode-se enunciar o denominado *princípio da conservação da quantidade de dinamismo*. A saber: *A quantidade de dinamismo de um sistema de pontos materiais isolados de forças externas é constante.*

7. Choque Mecânicos no Dinamismo

Quando dois corpos sofrem um impacto, ocorrem deformações nas suas formas, bem como variações na força induzida que transportam.

Quando as deformações causadas pelo choque central direto são elásticas, os corpos readquirem sua forma primitiva devolvendo a força induzida empregada na deformação. Entretanto, se as deformações são plásticas, a força induzida é totalmente dissipada.

Pode-se facilmente demonstrar que no choque central entre dois corpos é verificada a seguinte igualdade:

$$i_2 - i_1 = k \cdot (i'_2 - i'_1)$$

Onde as letras (i'_1 e i'_2) representam as forças induzidas dos corpos antes do choque mecânica; (i_1 e i_2) representam as respectivas forças induzidas depois do choque e, a letra (k) é denominada por *proporção elástica*.

Logicamente o valor de (k) depende da elasticidade dos corpos que se chocam. Portanto, em termos teóricos, pode-se afirmar que num choque perfeitamente elástico, (k = 1), ocorre a conservação da quantidade de dinamismo. Desse modo pode-se escrever, simbolicamente, que:

$$m_1 \cdot i'_1 + m_2 \cdot i'_2 = m_1 \cdot i_1 + m_2 \cdot i_2$$

Diante dessa expressão, pode-se afirmar que em todos os choques mecânicos há sempre a conservação da quantidade de dinamismo.

Leandro Bertoldo
Teoria Mecânica do Dinamismo

8. Inércia

1. Introdução

Neste *capítulo* será apresentada uma nova interpretação técnica para o estudo do conceito de *força de inércia*, bem como sua definição qualitativa e quantitativa. Também será analisada sua propriedade básica, bem como a sua natureza.

2. Natureza

Quando uma força é aplicada externamente sobre um corpo em repouso, a massa do mesmo exerce uma oposição à aceleração. Este fenômeno, muito discutido por Galileu e Newton, é denominado por *inércia*.

Observa-se que nem todos os corpos são fáceis de colocar em movimento. As experiências têm demonstrado que a dificuldade em acelerá-los aumenta com a massa.

Quando maior for a massa de um corpo, tanto menor scrá a aceleração provocada pela ação de uma mesma intensidade de força.

Logo, a massa qualifica a inércia de um corpo, ou seja, sua relutância à aceleração. Portanto, a inércia é uma força exercida pela matéria em oposição à aceleração.

Sua causa é bastante complexa. Do ponto de vista da relatividade é a resultante da deformação do espaço. Do ponto de vista clássico, a inércia é uma propriedade inerente à matéria e independe das circunstâncias em que ela esteja. Entretanto, nessa obra será estudada a inércia sem a preocupação com sua natureza.

3. Inércia

A inércia não ficou suficientemente explicada na Física Clássica até que em 1978, Leandro deu início ao desenvolvimento de uma nova teoria denominada por Dinamismo.

A moderna teoria do Dinamismo propõe que uma força aplicada externamente sobre um corpo sofre um processo de desdobramento. Parte dela é empregada para vencer a inércia e a parte resultante provoca a aceleração do móvel. Esta última parte é denominada por força dinâmica, sendo responsável pelo aparecimento da força induzida que fica conservada no móvel.

Para que o corpo possa sair do seu estado de repouso é necessário que ele seja submetido a uma intensidade mínima de força externa para vencer a oposição oferecida pela inércia.

A força de inércia é uma característica que depende da massa e da própria força aplicada externamente sobre o corpo.

A força de inércia é definida como sendo igual à intensidade da força externa aplicada sobre o móvel, pela diferença da força dinâmica.

Simbolicamente o referido enunciado pode ser escrito da seguinte maneira:

$$I = F - f$$

Portanto, quando um corpo é submetido à ação de uma força externa, esta deve ser suficiente para superar a força de inércia para que o corpo possa movimentar-se.

A força dinâmica emerge da força externa, aplicada sobre o corpo, como uma resultante. Ela é a causa da aceleração e da força induzida que permanece conservada no móvel. Quando desaparece a ação da força externa, também desaparece a força dinâmica, cessando a aceleração do móvel. Entretanto, a força induzida permanece conservada no móvel, mantendo o movimento na forma retilínea e uniforme ao infinito.

4. Propriedades

No presente item será apresentada rapidamente alguma das propriedades envolvidas no movimento de um corpo, a saber:

a) *Para que um corpo entre em movimento ou modifique seu estado de movimento é necessário vencer sua inércia.*

b) *A inércia é uma força que se opõe à variação de aceleração.*

c) *Quanto maior for a aceleração, tanto maior será a força de inércia transportada pelo móvel.*

d) *Quanto maior for a variação da força externa, tanto maior será a força de inércia a ser vencida.*

e) *A força de inércia depende da massa e da variação da força externa aplicada sobre o móvel.*

f) *Um móvel só pode sofrer a ação de uma força externa, desde que esta força esteja em repouso relativo com o mesmo.*

g) *Uma força externa variável aplicada continuamente está constantemente tirando o móvel do seu estado de repouso.*

h) *A força externa aplicada num móvel engloba a força de inércia e a força dinâmica.*

i) *Sob a ação de forças externas, o móvel sofre indução ou extração de forças.*

5. Mobilidade

Uma *mesma intensidade* de força externa ao ser aplicada em corpos de diferentes massas emerge em diferentes intensidades de forças dinâmicas. Quanto maior for a massa do móvel, tanto menor será a força dinâmica resultante. Isto indica que o móvel apresenta uma força de inércia de sentido oposto à ação da força aplicada. As forças de inércia automaticamente se opõem à ação da força aplicada, nunca a favorece.

Considere um corpo em repouso no espaço. Suponha que seja ligado a ele um dinamômetro, para medir a força necessária para colocá-lo em movimento. Ao aplicar uma pequena força, verifica-se que o corpo não se move. Digo que a força aplicada é equilibrada por uma força de inércia oposta, exercida pela massa do corpo. Aumentando a força externa gradativamente obtém-se uma força definida para a qual o corpo apenas começa a deslocar-se. E uma vez iniciado o movimento, parte da força externa emerge numa força dinâmica.

O quociente do módulo da força de inércia pelo modulo da força externa é denominado por mobilidade.

Simbolicamente o referido enunciado permite escrever a seguinte sentença matemática:

$$\mu = I/F$$

Sendo (μ) a mobilidade, uma constante adimensional, sendo resultando da razão dos módulos de duas forças.

6. Referencial e Inércia

Quando um móvel é submetido à variação de uma força externa, o mesmo passa de um estado de inércia para outro. Isto significa que, em relação a um referencial, um corpo em repouso ao ser submetido à ação de uma força externa, vence sua inércia de repouso (I_0) e adquire uma aceleração, passando a um novo estado de inércia (I_1), sendo deixado em movimento livre.

Suponha agora que, se deseja dobrar a intensidade de força externa aplicada sobre o móvel. Isto significa que a fonte desta nova intensidade de força terá que se deslocar e entrar em repouso relativo com o móvel. Neste novo estado, o móvel apresenta em relação a esta fonte de força, uma inércia de repouso (I_0). Isto significa que, ao ser aplicado a força externa sobre o móvel, este adquire um novo estado de inércia (I_1) em relação a esta nova fonte de força. E com relação ao referencial *inicial*, que era o inercial, equivale a (I_2). Portanto a força de inércia dobrou de intensidade com a força externa.

Portanto, ao ser submetido à variação de uma força de intensidade (F_1) para (F_2), o móvel passa de um estado em que sua inércia era (I_1) a outro estado em que a sua inércia é (I_2).

À medida que a aceleração de um móvel aumenta, devido ao aumento da força externa, sua força de inércia aumenta, de forma que é necessária uma força cada vez maior para vencer a força de inércia.

E enquanto o móvel permanece num estado de inércia, ele não perde nenhuma intensidade de força induzida. Sua inércia permanece constante, logo o mesmo se acha num estado *estacionário*.

7. Avaliação de Forças

Quando uma força externa é aplicada sobre um corpo, ela é desdobrada em duas forças, a saber: força de inércia e força dinâmica.

Sendo (F) a intensidade de força externa aplicada sobre o móvel, (I) a parcela utilizada para vencer a inércia e (f) a parcela que se manifesta sob a forma dinâmica, de modo que:

$$F = I + f$$

Para avaliar que proporção de força aplicada sobre os fenômenos de inércia e dinâmica passa a definir as seguintes grandezas:

I - Absorvidade Dinâmica

$$\eta = I/F$$

II - Fluxo Dinâmico

$$\phi = f/F$$

Somando as referidas grandezas, tem-se que:

$$\eta + \phi = I/F + f/F = (I + f)/F = F/F = 1$$

Portanto pode-se chegar à seguinte conclusão:

$$\eta + \phi = 1$$

As grandezas (η) e (ϕ) não possuem unidades, pois é a relação entre duas intensidades de forças. As grandezas que não apresentam unidades são denominadas por *grandezas adimensionais*.

8. Força Induzida

Foi apresentado que a força externa aplicada sobre um móvel é igual à soma entre a força de inércia pela força dinâmica. Simbolicamente o referido enunciado é expresso pela seguinte igualdade:

$$F = I + f$$

Quando é interrompida a ação da força externa aplicada sobre o móvel, a força dinâmica desaparece e só permanece no móvel a força induzida, resultado da ação anterior.

O que desejo dizer quando falo em força dinâmica e força induzida?

A força dinâmica é a resultante da força externa aplicada sobre um móvel. E enquanto essa força interage sobre o móvel, o mesmo permanece acelerado. Entretanto, quando a força externa cessa a sua ação, a força dinâmica deixa de operar e o móvel entra em um estado de movimento uniforme em linha reta ao infinito.

O que faz o móvel continuar em seu estado de movimento uniforme em linha reta ao infinito sem a ação da força externa?

Esse movimento fica perfeitamente explicado pela ação da força induzida. Ou seja, a uniformidade e a continuidade do movimento são causadas pela constância da força induzida conservada no móvel. Desse modo o movimento oriundo da força induzida é diferente daquele que é provocado pela ação da força dinâmica.

Na fase de força induzida, o móvel não mantém sua aceleração porque a força dinâmica deixou de atuar quando a força externa foi retirada. Entretanto, o móvel passa a manter uma velocidade constante, porque a força induzida permanece conservada no móvel de forma constante.

Nesta situação pode-se afirmar que o móvel transporta e conserva de forma intrínseca uma força de inércia, que caracteriza seu novo estado de inércia em relação a um dado referencial. Transporta, também, uma intensidade de força induzida originada ou criada pela ação da força dinâmica até o instante em que se encontrava acelerado sob a ação dessa força dinâmica.

Também se pode definir uma grandeza física chamada por força motriz. Ela é igual à soma entre a força de inércia pela força induzida.

Simbolicamente o referido enunciado é expresso pela seguinte igualdade.

$$T = I + i$$

A força motriz transportada pelo móvel se converte em força de impacto num eventual choque mecânico.

9. Conclusões

Do presente estudo é possível extrair algumas conclusões básicas sobre a força de inércia e sua relação com as demais forças:

a) *Em Dinamismo a inércia é uma força.*

b) *A princípio a força de inércia é intrínseca à matéria.*

c) *Força é toda ação de altera o estado de repouso ou de movimento do corpo.*

d) *A força induzida é criada e armazenada no móvel pela interação da força dinâmica que atua num dado intervalo de tempo, impelindo o móvel.*

e) *É sempre necessária uma intensidade de força externa mínima para tirar o corpo do seu estado de repouso.*

f) *Toda vez que um corpo é submetido à ação de uma força externa ele está sujeito à ação de uma força dinâmica.*

g) *Toda vez que um corpo em movimento está sob a ação de uma força dinâmica ele apresenta uma força induzida.*

h) *A inércia se opõe à ação da força externa, porém não provoca sua diminuição.*

i) *A inércia é uma força que se opõe à força dinâmica, provocando sua alteração.*

j) *Um corpo em repouso está em um estado de inércia. Para vencer essa inércia inicial é necessário aplicar uma intensidade de força que o acelera. Ao ser submetido a uma aceleração constante, entra em um novo estado de inércia em relação à força à qual está submetido. Para vencer essa inércia é necessário aplicar uma força de maior intensidade que vem a alterar sua aceleração. E assim sucessivamente.*

k) *Em relação a uma intensidade de força externa constante, o móvel acelerado nunca sai do seu estado de repouso.*

l) *Qualquer intensidade de força externa aplicada num corpo imprime no mesmo um estado de inércia em relação a um referencial em repouso.*

m) *A massa é o agente que se opõe à alteração do movimento.*

n) *Cada vez que o corpo sofre uma variação de aceleração, ele está literalmente saindo do seu estado de repouso em relação à força externa.*

o) *A força de inércia exerce uma oposição a partir do repouso relativo entre o corpo e a força externa.*

9. Força Dinâmica e de Inércia

1. Introdução

No presente *capítulo* será discutida a relação existente entre as forças externas, dinâmicas e de inércias. Estas três forças juntamente com a força induzida representam todo o arcabouço teórico e matemático do Dinamismo.

2. Observações Dinamísticas

A força dinâmica (f) que provoca o aparecimento da força induzida num móvel depende da intensidade de força externa (F) aplicada sobre o corpo e também de sua massa (m). Essa afirmação pode ser comprovada experimentalmente. E, a título de ilustração, considere as seguintes observações.

I - Ao aplicar uma força externa de intensidade (F_1) num corpo de massa (m_1), a resultante emerge numa força dinâmica de intensidade (f_1). Um corpo com o dobro da massa (m_2) implica que a força dinâmica (f_1) tem a sua intensidade diminuída de $(f_1/2)$; isto é, a metade da força dinâmica anterior. Para outra massa, a mesma intensidade de força externa (F_1) aplicada acarretará outra modificação de força dinâmica inversamente proporcional.

Esta experiência indica que a intensidade de força dinâmica (f) de um móvel ao ser submetido à ação de uma força externa é inversamente proporcional à massa.

II - Considere, agora, um corpo de massa (m_1). Ao aplicar uma força externa de intensidade (F_1), a resultante emerge numa força dinâmica de intensidade (f_1). Uma elevação da força externa aplicada com uma intensidade duas vezes maior (F_2), provoca um aumento da força dinâmica com o dobro da intensidade anterior (f_2). E assim sucessivamente. Portanto, a intensidade da força dinâmica (f) de um móvel submetido à ação de uma força externa é diretamente proporcional à intensidade da força externa (F) aplicada sobre o móvel.

III - Resumindo as conclusões anteriores pode-se enunciar a seguinte lei do Dinamismo: *A intensidade de força dinâmica de um móvel é diretamente proporcional à intensidade de força externa aplicada sobre o corpo e, inversamente proporcional à massa desse corpo.*

3. Dedução Teórica

O Dinamismo de Leandro demonstra que a força dinâmica que emerge num móvel é igual ao produto entre o estímulo pela aceleração que adquire.

Simbolicamente o referido enunciado é expresso pela seguinte equação:

$$f = e \cdot \alpha$$

A Dinâmica de Newton demonstra que a intensidade de força externa aplicada sobre um corpo é igual ao produto existente entre sua massa pela aceleração adquirida.

Simbolicamente o referido enunciado é expresso pela seguinte equação:

$$F = m \cdot \alpha$$

Substituindo convenientemente as duas últimas expressões, vem que:

$$f = e \cdot F/m$$

Pela referida expressão pode-se afirmar que a força dinâmica é diretamente proporcional à força externa é inversamente proporcional à massa do corpo. Na referida expressão, a constante fundamental que estabelece a proporcionalidade entre a força externa e a massa é conhecida por *estímulo*.

Parece claro que, num movimento livre, o aumento da massa não interfere na força externa aplicada sobre o corpo, mas interfere na interação da força dinâmica, provocando sua diminuição e em consequência diminuindo o valor da aceleração. Entretanto, para um corpo imerso num campo gravitacional, o aumento da massa interfere na força externa, aumentando-a de forma proporcional, o que acarreta, em consequência, o aumento da força dinâmica. Porém, o aumento dessa massa interfere na interação da força dinâmica, provocando a sua diminuição, da mesma proporção do aumento da força externa.

Diante do fenômeno gravitacional pode-se afirmar que o aumento da força dinâmica que ocorreria pelo aumento da força externa é perdido pelo aumento da resistência oferecida pela inércia. Por causa desse fenômeno, a força dinâmica gravitacional mantém-se num valor constante e em consequência a aceleração da gravidade permanece constante.

4. Características da Equação

A equação anterior é fundamental na compreensão da *Mecânica do Dinamismo*. Ela confirma o que as experiências diárias demonstram que, uma mesma intensidade de força externa aplicada a corpos de diferentes massas produzirá diferentes intensidades de forças dinâmicas. Observe que a referida equação está em perfeito acordo com a Dinâmica Clássica e com a teoria do Dinamismo.

A primeira lei de Newton é prevista pela equação supramencionada, como um caso particular do movimento. Se a força externa aplicada sobre o móvel for nula, a força dinâmica resultante será nula.

Portanto, na ausência de forças dinâmicas, um móvel desloca-se com velocidade constante ou está em repouso.

Se o móvel estivesse acelerado, ao cessar a ação da força externa, a força dinâmica se anula e o móvel deixa de receber a força induzida. Nestas condições passa a deslocar-se com velocidade constante em movimento retilíneo e uniforme.

A força dinâmica (f) é a resultante da força externa (F) aplicada sobre um corpo de massa (m). E neste sentido ela é diferente da força prevista pela segunda lei de Newton. Em outras palavras, a força dinâmica é o efeito que resulta da força newtoniana aplicada à matéria. Assim, as duas forças estão relacionadas.

Na verdade pode-se afirmar que, quanto maior for a intensidade de força externa aplicada sobre um móvel, tanto maior será a intensidade da força dinâmica resultante.

Também se pode afirmar que, quanto maior for a massa do móvel, tanto menor será a intensidade da força dinâmica resultante.

Pode-se constatar que a equação mencionada está plenamente de acordo com o princípio de Galileu Galilei (1564-1642). Eis que a força de atração gravitacional aumenta na mesma proporção da massa do corpo, de tal forma que a relação entre ambas permanece constante. Assim, em queda livre, a força dinâmica é a mesma para todos os corpos, provocando, portanto, a mesma aceleração.

Pelo que foi analisado no presente capítulo, pode-se inferir os seguintes princípios:

a) *A força dinâmica de um corpo está diretamente relacionada com a aceleração desse corpo.*

b) *Quando não há a interação da força dinâmica também não existe aceleração.*

c) *Uma força dinâmica constante produz uma aceleração constante na direção e sentido da força.*

5. Força de Inércia

A experiência mostra que nem todos os corpos são igualmente fáceis de colocar em movimento. Na verdade a dificuldade em acelerá-los aumenta proporcionalmente com a quantidade de matéria que eles possuem.

Portanto, um corpo de maior massa apresenta uma maior resistência à alteração do seu estado inercial. Assim fica claro que a matéria não é inerte ou passiva, caso contrário não poderia resistir à alteração do seu estado inercial.

Essa quantidade de matéria é tecnicamente conhecida por *massa*. A princípio, qualitativamente, a massa de um corpo indica sua inércia e, portanto, sua relutância para acelerar.

Quando uma força atua sobre um corpo de massa (m), ele pode ou não sofrer um deslocamento. Este fenômeno é denominado por *inércia*. E a força que resiste ao movimento é chamada por *força de inércia*.

A força de inércia não ficou suficientemente explicada na Mecânica Clássica, até que em 1.978 foi desenvolvida uma nova teoria, levando em consideração o conceito de dinamismo.

No Dinamismo os movimentos são explicados em função das forças que operam no corpo. Com isso mais uma vez mais fica claro que a matéria é ela própria ativa.

O Dinamismo propõe que para o móvel se deslocar é necessário que ele seja submetido a uma intensidade mínima de força externa para vencer a força de inércia.

Logo, quando um corpo é submetido à ação de uma intensidade de força externa (F), esta deve ser suficiente para superar a força de inércia (I) da matéria, para que o corpo possa movimentar-se e a resultante da força manifesta-se sob a forma de uma força dinâmica (f).

Portanto, pode-se afirmar que a força externa é igual à soma entre a força de inércia pela força dinâmica.

Simbolicamente o referido enunciado é expresso pela seguinte equação fundamental:

$$F = I + f$$

Esta é a equação que explica e esclarece a relação existente entre a força externa, força de inércia e força dinâmica.

Ela afirma que para manter a força dinâmica (f) constante entre corpos de diferentes massas, será necessário aplicar uma força externa (F) de intensidade maior ou menor, quanto maior ou menor for a força de inércia.

6. Relação (I)

Foi demonstrada nessa obra a seguinte verdade:

a) $f = \Delta i / \Delta t$
b) $f = F - I$

Substituindo convenientemente as duas últimas expressões, resulta que:

$$\Delta i = (F - I) . \Delta t$$

7. Relação (II)

Foi apresentada nessa obra a realidade das seguintes equações:

a) $F = e . \alpha$
b) $f = F - I$

Substituindo convenientemente as duas últimas expressões, resulta que:

$$\alpha = (F - I)/e$$

8. Relação (III)

Foi demonstrada nessa obra a seguinte verdade:

a) $f = e . F/m$
b) $f = F - I$

Substituindo convenientemente as duas últimas expressões, vem que:

$$e . F/m = F - I$$
$$e = [m . (F - I)]/F$$
$$e = m . (1 - I/F)$$

9. Absorvidade Dinâmica

A absorvidade dinâmica é definida como sendo igual à diferença entre a força externa pela força dinâmica, inversa pela força externa. Simbolicamente o referido enunciado é expresso por:

$$\eta = (F - f)/F$$

Portanto, resulta que:

$$\eta = 1 - f/F$$

Ocorre que o fluxo dinâmico é igual à relação entre a força dinâmica pela força externa. Com isso, pode-se escrever simbolicamente que:

$$\phi = f/F$$

Substituindo convenientemente as duas últimas expressões, resulta que:

$$\eta = 1 - \phi$$

Assim pode-se afirmar que a absorvidade dinâmica é igual ao número "um" menos o valor do fluxo dinâmico apresentado pelo móvel.

10. Fluxo Dinâmica

Leandro Bertoldo
Teoria Mecânica do Dinamismo

O fluxo dinâmico é definido como sendo igual à diferença entre a força externa pela força de inércia, inversa pela força externa.

Simbolicamente o referido enunciado é expresso por:

$$\phi = (F - I)/F$$

Logo, resulta que:

$$\phi = 1 - I/F$$

Entretanto, a absorvidade dinâmica é igual à relação entre a força de inércia pela força externa. Sendo que esse enunciado permite escrever que:

$$\eta = I/F$$

Substituindo convenientemente as duas últimas expressões, vem que:

$$\phi = 1 - \eta$$

Logo o fluxo dinâmico é igual ao número "um" menos o valor da absorvidade dinâmica.

11. Característica da Força de Inércia

Foi demonstrado que:

a) $F = I + f$
b) $F = m . \alpha$
c) $f = e . \alpha$

Leandro Bertoldo
Teoria Mecânica do Dinamismo

Substituindo convenientemente as três últimas expressões, resulta numa equação, a saber:

$$I = m . \alpha - e . \alpha$$

Ou seja:

$$I = (m - e) . \alpha$$

A referida expressão prova que a força de inércia aumenta com o aumento da massa do corpo e também com a aceleração. Aliás, se a massa permanecer constante, a força de inércia é diretamente proporcional à aceleração do móvel. Ou seja, essa fórmula apresenta a ideia de que uma mesma partícula possui inércia diferente conforme a intensidade de força dinâmica a que esteja submetida.

10. As Forças

1. Introdução

As forças são estudadas pelos efeitos que provocam. E na teoria do Dinamismo o principal efeito das forças, entre tantos outros, são os movimentos, as velocidades e as acelerações. Desse modo pode-se concluir que a força é o agente responsável pelo movimento dos corpos.

2. Conclusões

O estudo geral da queda livre dos corpos permite chegar a algumas conclusões bastante interessantes sobre a força e aceleração.

Desprezada a resistência do ar, pode-se afirmar que:

a) *A ação da força dinâmica provoca o aparecimento da aceleração.*

b) *Uma força dinâmica constante provoca uma aceleração constante.*

c) *Uma força dinâmica variável provoca uma aceleração variável.*

d) *A anulação da força dinâmica provoca o desaparecimento da aceleração.*

e) *A força dinâmica que atua sobre um corpo em queda livre próximo à superfície da Terra é praticamente constante.*

f) *A força dinâmica que atua sobre um corpo em queda livre varia com a altitude.*

g) *A força dinâmica que atua sobre um corpo em queda livre não depende de sua massa ou peso.*

h) *Todos os corpos, independentemente de seu peso ou massa, caem com a mesma aceleração.*

i) *Em queda livre, todos os corpos, independentemente de seu peso ou massa, são submetidos à ação da mesma intensidade de força dinâmica gravitacional.*

Baseado nas conclusões acima estabelecidas pode-se enunciar a seguinte lei: *Independentemente de sua massa ou peso, todos os corpos submetidos à ação de uma mesma força dinâmica, apresentam uma mesma aceleração.*

3. Força Dinâmica

A força dinâmica gravitacional que atua sobre um corpo em queda livre não depende da massa ou peso. É fato comprovado que todos os corpos caem com a mesma aceleração, não importando sua massa ou peso.

Tendo em mente que somente uma força constante produz uma aceleração constante, então a segunda lei de Newton *não* serve para explicar teoricamente o fenômeno de queda livre. Pois exige que a força dependa da massa, o que contraria o princípio de Galileu.

Portanto, com fundamento no princípio enunciado no item anterior pode-se estabelecer uma lei relacionando as forças dinâmicas com a aceleração do móvel.

Sendo (f) a força dinâmica e (α) a aceleração que aparece, pode-se afirmar que a força dinâmica emergente no móvel é proporcional à aceleração que apresenta. Sendo que tal enunciado é expresso simbolicamente por;

$$f = e \cdot \alpha$$

Onde o símbolo (e) representa uma constante de caráter universal denominada por *estímulo*.

A referida equação explica todas as conclusões do item anterior. Coisa que a segunda lei de Newton não consegue fazer.

Percebe-se facilmente que a força dinâmica de um móvel é diretamente proporcional à aceleração que aparece, e sua direção e sentido são os mesmo que os da força.

Deve-se chamar a atenção para mostrar que na referida equação, a aceleração independe da massa ou peso do corpo.

Observe também que a primeira lei de Newton está contida na referida equação, como caso particular. Pois quando (f = 0), resulta (α = 0). Ou seja, quando a força dinâmica que atua num corpo for nula, a aceleração também será nula. E o corpo passa a mover-se com velocidade constante para o infinito ou então está em repouso, conforme descreve a primeira lei de Newton.

A última expressão mostra claramente que, quando um corpo é submetido à ação de uma intensidade de força dinâmica (f), o mesmo fica sujeito a uma aceleração (α), diretamente proporcional a essa força. Assim, a aceleração que o corpo adquire depende unicamente da força dinâmica que interage com ele.

Foi demonstrado que a velocidade de um móvel é tanto maior quanto maior for a força induzida no mesmo. E a força induzida será tanto maior quanto maior for a força dinâmica à qual o móvel está submetido. Por sua vez, a força dinâmica será tanto maior quanto maior for a intensidade da força externa aplicada sobre o corpo e, tanto maior quanto menor for a força de inércia.

Em resumo, se a força externa deixar de atuar sobre o corpo, então a força dinâmica torna-se nula. Logo, na ausência de força dinâmica a aceleração é nula. O móvel passa a manter uma força induzida de valor constante. Isto significa que a velocidade permanece invariável. Portanto, o móvel passa a executar um movimento retilíneo uniforme indefinidamente. Tal condição permanecerá até que sofra a ação de forças externas que venham alterar a força induzida que transporta.

Nestas condições, um possível choque contra uma superfície qualquer provocaria deformações no corpo e na superfície. Este exemplo serve para demonstrar que o móvel em movimento retilíneo uniforme é portador de uma força. Pois somente uma força pode se opor a uma força. A teoria da Dinâmica Clássica não explica a existência dessa força transportada por um corpo em movimento inercial.

4. Princípio da Inércia no Dinamismo

Diante dos conceitos apresentados até o presente momento podem-se enunciar alguns princípios fundamentais deduzidos do Dinamismo.

a) *Existe força induzida constante num ponto material isolado em movimento retilíneo e uniforme.*

Em Dinamismo, um corpo em repouso em relação a um referencial inercial, não apresenta força induzida. Este fato permite estabelecer o seguinte princípio:

b) *Inexiste força induzida num ponto material isolado em repouso.*
Os referidos princípios ou leis são de fato uma afirmação dinamistica sobre a primeira lei de Newton. O fato de corpos isolados permanecerem em movimento retilíneo uniforme ou em repouso, na ausência de forças externas aplicadas é, na realidade, uma propriedade caracterizada pela primeira lei de Newton.

Entretanto, em Dinamismo, o corpo isolado em repouso encontra-se na mais absoluta ausência de força induzida, enquanto que o corpo isolado em movimento retilíneo uniforme está sob a ação de forças induzidas. Esta descrição pormenorizada levou ao desdobramento da primeira lei de Newton em duas partes.

No Dinamismo, o princípio da inércia pode ser enunciado nos seguintes termos: *Um corpo isolado em repouso encontra-se na ausência de força induzida e, em movimento retilíneo uniforme encontra-se com uma força induzida constante.*

5. Inércia

A Física Clássica permite inferir que a inércia é uma propriedade geral da matéria. Desse modo um corpo isolado em movimento tende, por inércia, a continuar em seu estado de movimento. E um corpo isolado em repouso tende, por inércia, a permanecer em seu estado de repouso. Esta explicação clássica é intelectualmente insatisfatória. Na verdade essa explicação lembra bastante o conceito filosófico de Aristóteles sobre o lugar natural ocupado pelos elementos. Por isso este é outro ponto fraco na teoria newtoniana.

Uma explicação satisfatória é aquela oriunda do Dinamismo, expressa nos seguintes moldes: *Um corpo em repouso tende a permanecer em repouso devido a ausência de forças induzidas. E um corpo em movimento tende a continuar indefinidamente em movimento retilíneo e uniforme devido à ação de forças induzidas. Extraia-se a força induzida e verificar-se-á a alteração do movimento.*

Portanto, considerando a situação de inércia, pode-se afirmar que tanto em Dinâmica como em Dinamismo, o corpo não está sob a ação de forças externas. E até o presente momento em que este tratado está sendo escrito, a tendência de um corpo continuar em seu estado de movimento ou de repouso, isto é, sua inércia, é de certa forma interpretada como uma propriedade inerente da matéria que dispensa maiores explicações. Na verdade tal conceito é extremamente medieval, próprio da filosofia escolástica. A interpretação da inércia de um corpo como sendo o resultado da conservação de força induzida ou de sua ausência, é uma ideia original que ocorreu a Leandro de 1.978.

O estudo dos movimentos e suas causas era um assunto que o absorvia profundamente nessa época. E por uma notável capacidade de inferência chegou ao conceito de *força induzida*.

Esta simples ideia representa um rompimento com a Física tradicional. Na verdade a preocupação com este tipo de problema culminou de forma inesperada com a ruptura com a Mecânica Clássica, sob a forma de uma nova teoria que representa uma grande generalização daquela.

6. Resumo

A estrutura básica da teoria do Dinamismo pode ser resumida em algumas leis, a saber:

a) *Um ponto material isolado está induzido por uma força ou não.*

$$i \neq 0 \text{ ou } i = 0$$

b) *Todos os corpos, independentemente de seu peso ou massa, ao entrarem em queda livre, próximo à superfície do planeta, ficam submetidos à ação da mesma intensidade de força dinâmica.*

$$f_1 = f_2 = f_3 = \ldots = f_n$$

c) *A força dinâmica que um móvel apresenta é igual ao produto entre o estímulo pela aceleração que adquire.*

$$f = e \cdot \alpha$$

d) *A força externa que atua sobre um móvel é igual à soma entre a força de inércia pela força dinâmica.*

$$F = I + f$$

e) *A força induzida em um móvel é igual ao produto entre a variação da força dinâmica pela variação de tempo em que atua.*

$$\Delta i = f \cdot \Delta t$$

f) *A força induzida de um móvel é igual ao produto existente entre o estímulo pela velocidade.*

$$i = e \cdot V$$

g) *A força de inércia é igual à relação entre a variação de ímpeto pela variação de tempo.*

$$I = \Delta H / \Delta t$$

h) *A força dinâmica gravitacional é proporcional à massa do planeta e inversamente proporcional ao quadrado da distância que separa o centro do planeta ao centro do móvel.*

$$f = e \cdot G \cdot M/d^2$$

i) *A indutória é o inverso do estímulo.*

$$B = 1/e$$

j) *A força externa é igual ao produto entre a massa do corpo por sua aceleração.*

$$F = m \cdot \alpha$$

Estas leis respondem de forma clara e completa todas as questões da Cinemática e Dinâmica. Juntas caracterizam o arcabouço do Dinamismo. São perfeitamente válidas em relação a um referencial inercial.

Leandro Bertoldo
Teoria Mecânica do Dinamismo

11. O Peso

1. Introdução

Neste capítulo será apresentada uma nova e mais profunda definição da força conhecida por peso. Essa definição será fundamentada dentro dos conceitos do Dinamismo. Também será analisada a consequência cinemática e dinâmica das forças que interagem com a matéria.

2. Definição de Peso

Seja (p) o peso de um corpo em repouso e, (f) a força dinâmica gravitacional interagindo com sua massa (m). O peso é uma grandeza vetorial cujo vetor tem o sentido do centro do planeta.

Quando um corpo de massa (m) entra em queda livre, sua aceleração (g) é a da gravidade. E a força que opera num movimento não é o seu peso (p), pois um corpo em queda livre apresenta peso nulo ($p = 0$).

Por esta razão, as velocidades que os corpos adquirem em queda livre, não dependem do peso. Pois, (p_1 , p_2 , p_3 , ... , $p_n = 0$) em queda livre.

Desse modo pode-se afirmar que a força responsável pela velocidade dos corpos em queda livre não é o seu peso. Mas sim, a força dinâmica gravitacional cuja intensidade é igual para todos os corpos, independentemente de sua massa ou peso.

Na realidade, o peso é uma força estática que se manifesta somente quando o corpo está em repouso em relação a um referencial. E sob todos os aspectos, a força dinâmica gravitacional (f) é a resultante que interage num corpo, seja num corpo em queda livre ou em repouso. Em queda livre, o corpo sofre o efeito da força induzida e, em repouso sofre a ação da força peso.

A definição de peso em Dinamismo é a seguinte: *O peso de um corpo é igual ao produto entre sua massa (m) pela força dinâmica gravitacional (f).*

Simbolicamente pode-se escrever que:

$$p = m \cdot f$$

Observa-se claramente que o peso é um conceito que relaciona a força dinâmica gravitacional com as propriedades do corpo.

3. Equações do Dinamismo

As equações que fundamentam o Dinamismo são as seguintes:

a) $f = e \cdot \alpha$
b) $F = I + f$
c) $V = B \cdot i$
d) $\Delta i = f \cdot \Delta t$
e) $F = m \cdot \alpha$
f) $p = m \cdot f$
g) $f = e \cdot F/m$
i) $I = \Delta H / \Delta t$

j) $f = e \cdot G \cdot M/d^2$

Estas equações permitem unificar uma grande área da Física, além de permitir a previsão de novos resultados. O extraordinário alcance e a generalidade das referidas equações são sublimes. Na verdade a simplicidade elementar dessas equações revela a forma poética pela qual o Criador escreveu a natureza.

4. Consequências (I)

As equações anteriores permitem estabelecer as seguintes conclusões gerais:

a) *As forças são os agentes responsáveis por toda e qualquer forma de movimento.*

b) *Independentemente da ação de forças externas, qualquer corpo permanece em movimento enquanto permanecer sob a ação de forças induzidas.*

c) *Ao vencer a oposição da força de inércia, a força externa emerge numa resultante chamada por força dinâmica.*

d) *Qualquer que seja o movimento, o móvel transporta uma força induzida.*

e) *A força induzida é o agente que mantém o movimento.*

5. Consequências (II)

Quando a força externa for nula (F = 0), têm-se as seguintes consequências:

a) *Se nenhuma força externa (F = 0) atua sobre o móvel, sua força dinâmica (f) é nula (f = 0).*

b) *Se nenhuma força externa (F = 0) atua sobre um móvel, a força induzida (i) permanece constante (i = cte).*

c) *Se nenhuma força externa (f = 0) atua sobre um móvel, sua velocidade (V) permanece constante (V = cte).*

d) *Na ausência de forças externas (F = 0), a força induzida no móvel mantém indefinidamente o movimento retilíneo e uniforme ao infinito.*

e) *Embora não sofra a ação de forças externas, o móvel possui em forma intrínseca uma força induzida. A existência de tal força é verificada pelo efeito da velocidade assumida pelo móvel e também pela deformação que pode provocar num eventual choque mecânico.*

6. Consequências (III)

Quando a força externa for constante (F = cte), têm-se as seguintes consequências:

a) *Qualquer móvel sob a ação de uma força externa constante (F = cte) apresenta uma força dinâmica constante (f = cte).*

b) *Qualquer móvel sob a ação de uma força externa constante (F = cte) apresenta força induzida que varia uniformemente no decorrer do tempo.*

c) *Qualquer móvel sob a ação de uma força externa constante (F = cte) apresenta uma velocidade que varia uniformemente no passar do tempo.*

d) *Qualquer móvel sob a ação de uma força externa constante (F = cte) apresenta uma aceleração constante.*

e) *Qualquer móvel sob a ação de uma força externa constante (F = cte) caracteriza o movimento uniformemente variado.*

f) *Próximo à superfície do planeta, verifica-se que a força dinâmica gravitacional que atua sobre um corpo permanece constante durante todo o movimento.*

g) *Desprezada a resistência do ar, todos os corpos que caem de um mesmo ponto, são submetidos à ação de uma mesma intensidade de força dinâmica gravitacional, não importando seu tamanho, massa, peso ou forma. Isto significa que todos adquirem as mesmas forças induzidas e as mesmas velocidades.*

7. Consequências (IV)

Quando a força externa for variável (F = Δ), têm-se as seguintes consequências:

a) *Se um móvel sofre a ação de uma força externa variável (F = Δ), sua força dinâmica (f) varia na mesma proporção (f = Δ).*

b) *Se um móvel sofre a ação de uma força externa que seja variável (F = Δ), sua aceleração também será variável (α = Δ).*

O estudo de corpos sob a ação de forças externas variáveis escapa ao nível didático do presente livro. Por esta razão não vou apresentá-lo aqui.

8. Consequências (V)

Qualquer corpo que têm força dinâmica nula (i = 0) apresenta as seguintes características:

a) *Se a força induzida num corpo for nula (i = 0), ele estará em repouso (V = 0).*

b) *Um corpo em repouso (i = 0) pode estar sob a ação de uma força externa (F). Neste caso está submetido a uma força dinâmica (f). Isto caracteriza o conceito de força estática. Por exemplo: O peso é um corpo em repouso sob a ação de forças externas de origem gravitacional.*

c) *Um corpo em repouso (i = 0) pode não estar submetido à ação de uma força externa (F = 0). Neste caso, a força dinâmica é nula (f = 0). Isto caracteriza o princípio da inércia. Por exemplo: Um corpo isolado no espaço.*

É bom que fique bem claro que o presente tratado considera o estudo dos corpos sob o ponto de vista de um referencial inercial, bem como são desprezados os meios que podem exercer uma resistência ao movimento.

9. Resumo Matemático

a) **Movimento Uniforme**
$(F = 0) => (f = 0) => (i = cte) => (V = cte)$

b) **Movimento Uniformemente Variado**
$(F = cte) => (f = cte) => (i = \Delta) => (V = \Delta)$

c) **Inércia**
$(i = 0) => (V = 0) => (F = 0) => (f = 0)$

d) **Força Estática (Peso)**
$(i = 0) => (V = 0) => (F \neq 0) => (f \neq 0)$

10. Força Induzida

A lei da força induzida é uma das leis básicas da teoria do Dinamismo.

Quando um corpo é submetido a ação de uma força externa, esta emerge numa força dinâmica que produz o efeito de uma força induzida variável.

Se a força externa deixa de atuar sobre o móvel, a força dinâmica desaparece e a força induzida deixa de sofrer variações. Ou seja, passa a permanecer constante.

Como já foi dito, a força induzida que se observa é a causa da velocidade dos corpos. Em 1.978, Leandro conseguiu obter a lei que expressa a intensidade da força induzida, cuja importância na Física é extremamente grande, conforme se pode verificar na presente obra. Esta lei afirma que a variação de força induzida é igual ao produto entre a força dinâmica pela variação de tempo de ação da força externa.

A equação correspondente ao referido enunciado é expressa por:

$$\Delta i = f \cdot \Delta t$$

O sentido da força induzida tende sempre a ser o mesmo da força dinâmica que a produz. Sendo que a referida lei fornece o valor exato para a força induzida qualquer que seja a origem da força externa, seja ela, por exemplo, a força muscular, a força da gravidade, a força eletrostática, a força magnética, a força elástica, ou ainda outra forma qualquer.

Em geral, o Dinamismo afirma que a ação de uma força externa sobre o móvel emerge numa força dinâmica que produz uma força induzida. Esta força induzida é intrínseca ao movimento. Ela é conservada e transportada pelo móvel. Pode-se ainda acrescentar que a força induzida é extraída do móvel somente pela ação de outra força externa que se oponha ao movimento.

Leandro Bertoldo
Teoria Mecânica do Dinamismo

12. Impulso e Força Induzida

1. Introdução

No presente *capítulo* serão consideradas duas grandezas importantes para a análise do impacto entre os corpos. Essas duas grandezas são o *impulso* e a *força induzida*.

Neste capítulo será considerado o teorema do impulso no Dinamismo e o principio da conservação da força induzida num móvel isolado da ação de forças externas.

2. Impulso

Se um móvel animado com um movimento uniforme sofre a ação momentânea de uma força dinâmica, ele sofre uma variação de força induzida. Desse modo a força induzida naquele intervalo de tempo pode ser chamada por impulso.

No Dinamismo o impulso é definido como sendo igual ao produto existente entre a força dinâmica de valor constante que atua no móvel pelo intervalo de tempo que teve sua ação. Simbolicamente o referido enunciado é expresso por:

$$M = f \cdot \Delta t$$

O impulso é uma grandeza vetorial. Portanto possui intensidade, direção e sentido.

3. Força Induzida

A força induzida que um móvel apresenta em seu movimento uniforme é igual ao produto existente entre o estímulo pela velocidade desse móvel. Sendo que o referido enunciado é expresso simbolicamente pela seguinte igualdade:

$$i = e \cdot V$$

Evidentemente a força induzida é uma grandeza vetorial e possui intensidade, direção e sentido.

4. Teorema

Um móvel ao ficar sujeito à ação de uma força dinâmica, durante um determinado intervalo de tempo, recebe dessa força um impulso.

Logo fica evidente que a força induzida será alterada pela ação da força dinâmica.

Para demonstrar as referidas grandezas, considere as seguintes realidades:

a) $M = f \cdot \Delta t$
b) $f = e \cdot \alpha$
c) $\alpha = \Delta V / \Delta t$

Portanto, substituindo convenientemente as três últimas expressões, vem que:

$$f = e \cdot \Delta V / \Delta t$$
$$f \cdot \Delta t = e \cdot \Delta V / \Delta t \cdot \Delta t$$
$$f \cdot \Delta t = e \cdot (V_2 - V_1) \Delta t \cdot \Delta t$$

Eliminando os termos em evidência, resulta que:

$$f . \Delta t = e . (V_2 - V_1)$$
$$f . \Delta t = e . V_2 - e . V_1$$

Portanto conclui-se que:

$$M = i_2 - i_1$$
$$M = \Delta i$$

Dessa forma pode-se enunciar o seguinte teorema do Dinamismo: *O impulso comunicado a um móvel, num intervalo de tempo, é igual à variação da força induzida nesse móvel, no mesmo intervalo de tempo.*

5. Conservação da Força Induzida

Considere um sistema isolado de forças externas. Nestas condições é possível demonstrar que a força induzida num móvel permanece conservada. Para isto considere as seguintes demonstrações:

$$M = \Delta i$$
$$f . \Delta t = \Delta i$$

Como o sistema é isolado, pode-se afirmar que:

$$f = 0$$

Portanto vem que:

$$\Delta i = 0$$

Ou seja:

$$i_2 - i_1 = 0$$

Logo se pode concluir que:

$$i_2 = i_1 = cte$$

Assim pode-se enunciar o seguinte princípio: *Num sistema isolado, a força induzida permanece conservada de forma constante.*

Como a força induzida é a causa fundamental do movimento inercial, parece claro que o conceito de inércia é muito mais amplo do que o conceito de inércia retilínea apresentada por Newton em sua Dinâmica.

Leandro Bertoldo
Teoria Mecânica do Dinamismo

13. Impacto

1. Introdução

No presente *capítulo* será considerado o estudo da teoria do impacto com base nos conceitos do Dinamismo. Pode-se afirmar que o impacto é uma parte do Dinamismo que estuda as forças transportadas por um móvel e, que são liberadas no momento de um eventual choque mecânico entre os corpos ou contra uma superfície.

2. Definição

Para essa teoria o impacto é a força motriz com que um móvel atinge um corpo ou um anteparo qualquer. No momento em que ocorre o impacto, essa força é descarregada com violência e pode causar vários efeitos físicos na matéria. As principais são as deformações e os movimentos.

3. Equação Fundamental do Impacto

A força de impacto é igual à força motriz transportada por um móvel no instante em que se dá a colisão da matéria contra a matéria.

Essa teoria considera que a força motriz transportada por um móvel é definida como sendo igual à soma entre a força de inércia pela força induzida do móvel.

Por essa interpretação, o referido enunciado pode ser expresso simbolicamente pela seguinte equação:

$$T = I + i$$

Porém, no instante em que ocorre a colisão a força motriz é liberada e passa a ser chamada por força de impacto. Ou seja, no momento da colisão a força motriz é igual à força de impacto.

O referido enunciado é expresso simbolicamente pela seguinte igualdade:

$$T = R$$

Portanto pode-se afirmar que a força de impacto de um móvel é igual à soma entre a força de inércia pela força induzida.

Simbolicamente o referido enunciado é expresso por:

$$R = I + i$$

4. Algumas Relações

Pelo presente tratado, sabe-se que:

a) $T = I + i$
b) $i = e \cdot V$

Substituindo convenientemente as duas últimas expressões vem que:

$$T = I + e \cdot V$$

Também foi demonstrado que:

c)   T = I + i

d)   i = f . t

Substituindo convenientemente as duas últimas expressões, resulta que:

$$T = I + f . t$$

Nessa obra foi apresentada a seguinte verdade:

e)   T = I + i

f)   F = I + f

Substituindo convenientemente as duas últimas expressões, obtém-se que:

$$T = F - f + i$$

5. Movimento Uniforme

Um móvel em movimento uniforme, embora esteja ausente da ação de forças externas e induzidas, na verdade transporta uma força motriz. E numa eventual colisão essa força motriz manifesta seu efeito numa força de impacto, deformando ou movimentando os corpos com que se choca.

6. Deformações Elásticas e a Força de Impacto

Robert Hook demonstrou que a força aplicada sobre um corpo elástico é diretamente proporcional às deformações sofridas.

Leandro Bertoldo
Teoria Mecânica do Dinamismo

Simbolicamente o referido enunciado é expresso por:

$$F = k \cdot x$$

Sabe-se que a força de impacto com que um móvel atinge um corpo é igual à soma entre a força de inércia pela força induzida. Simbolicamente o referido enunciado é expresso por:

$$R = I + i$$

Portanto numa eventual colisão de um móvel contra um corpo elástico, resulta na seguinte igualdade:

$$k \cdot x = I + i$$

7. Prepacto

Muitas vezes numa colisão é necessário considerar a área que o móvel exerce sua força de impacto. Portanto, o prepacto nada mais é do que a pressão que a força de impacto exerce sobre determinada superfície.

Nestas condições pode-se afirmar que o prepacto é igual ao quociente da força de impacto, inversa pela área que o móvel atinge frontalmente.

Simbolicamente o referido enunciado é expresso pela seguinte relação:

$$C = R/A$$

Como ($R = I + i$), pode-se escrever que:

$$C = (I + i)/A$$

8. Popacto

Em muitos fenômenos físicos é fundamental considerar a rapidez com que a força motriz é liberada em força de impacto. Assim uma força de impacto será tanto mais eficaz nos seus efeitos quanto menor for o tempo de liberação da força motriz. Dessa forma define-se a grandeza física *popacto* como sendo igual à relação entre a força de impacto pelo tempo decorrido na colisão.

Simbolicamente pode-se escrever que:

$$s = R/\Delta t$$

Sabe-se que $(R = I + i)$. Portanto pode-se escrever que:

$$s = (I + i)/\Delta t$$

9. Impacto Relativo

Dois corpos em movimento apresentam uma força induzida relativa de aproximação. Antes da colisão, cada um transportava uma força motriz e que no instante da colisão é liberada na força de impacto.

Nestas condições a força de impacto será igual à soma das forças motrizes de cada móvel em seu movimento relativo de aproximação.

Simbolicamente o referido enunciado é expresso por:

$$R = T_1 + T_2$$

Leandro Bertoldo
Teoria Mecânica do Dinamismo

Se dois móveis apresentam o mesmo sentido em seus movimentos; porém, um dos móveis colide com a traseira de outro, então a força de impacto relativo será igual à diferença entre a força motriz do móvel que colidiu pela força motriz do móvel que sofreu o choque.

Simbolicamente pode-se escrever que:

$$R = T_1 - T_2$$

Evidentemente supondo-se que:

$$T_1 > T_2$$

10. Choques Relativos Elásticos

Se uma colisão entre dois corpos for perfeitamente elástica, existe a conservação da força motriz durante a colisão, pois o sistema de corpos é isolado de forças externas. Dessa maneira têm-se dois pares de equações, *antes* e *depois* da colisão.

Ou seja, a soma da força motriz dos corpos antes da colisão é igual à soma da força motriz dos corpos depois da colisão.

Simbolicamente pode-se escrever que:

$$T_A = T_D$$

Portanto conclui-se que:

$$(T_1 + T_2)_A = (T_1 + T_2)_D$$

Ou seja:

$$T_A = (I_1 + i_1) + (I_2 + i_2)$$
$$T_B = (I_1 + i_1) + (I_2 + i_2)$$

Portanto vem que:

$$[(I_1 + i_1) + (I_2 + i_2)]_A = [(I_1 + i_1) + (I_2 + i_2)]_D$$

11. Índice de Conservação

Se uma colisão entre dois corpos for parcialmente elástica ainda ocorre uma parcial conservação de força motriz. Para avaliar a perda de força motriz apresento uma grandeza adimensional que denominei por *índice de conservação*. O chamado índice de conservação serve para relacionar a força induzida relativa de afastamento dos corpos depois da colisão com a força induzida relativa de aproximação, antes do choque mecânico.

Simbolicamente pode-se escrever que:

$$n = (i_1 - i_2)_D/(i_1 - i_2)_A$$

Onde $(i_1 - i_2)_D$ são as forças induzidas *depois* do choque mecânico, e $(i_1 - i_2)_A$ as forças induzidas *antes* do choque mecânico e (n) é denominado por *índice de conservação*. O valor deste depende da elasticidade dos móveis que se chocam. Diante disso pode-se observar que:

a) Choque elástico: **(n = 1)**
b) Choque parcialmente elástico: **(0 < n < 1)**
c) Choque inelástico: **(n = 0)**

É evidente que na chamada *colisão perfeitamente elástica*, há conservação de força motriz, portanto a força induzida relativa de aproximação têm módulo igual à força induzida relativa de afastamento. Nestas condições tem-se que (n = 1) nessa colisão.

12. Conservação da Força Motriz

Considere um sistema constituído por dois corpos. Sejam (I_1 e I_2) suas forças de inércia e (i_1 e i_2), suas forças induzidas. É evidente que a força motriz do sistema é a soma das duas quantidades, conforme a seguinte igualdade:

$$T_A = (I_1 + i_1)_A + (I_2 + i_2)_A$$

Suponha que esses móveis venham a sofrer um choque mecânico entre si e que depois do choque suas forças induzidas modificam-se para:

$$T_D = (I_1 + i_1)_D + (I_2 + i_2)_D$$

No instante do impacto, a força motriz que o primeiro móvel exerce sobre o segundo é a mesma que o segundo exerce sobre o primeiro móvel. Porém, em sentidos contrários. Evidente fica que o impacto é simétrico, pois o tempo de contato é o mesmo. Assim pode-se escrever que:

$$R_1 = (I_1 + i_1)_D - (I_1 + i_1)_A$$
$$R_2 = (I_2 + i_2)_D - (I_2 + i_2)_A$$

Como:

$$R_1 = -R_2$$

Vem que:

Leandro Bertoldo
Teoria Mecânica do Dinamismo

$$(I_1 + i_1)_D - (I_1 + i_1)_A = -[(I_2 + i_2)_D - (I_2 + i_2)_A]$$

Logo resulta:

$$(I_1 + i_1)_A + (I_2 + i_2)_A = (I_1 + i_1)_D + (I_2 + i_2)_D$$

Ou seja:

$$(T_A = T_D)$$

Portanto pode-se enunciar o seguinte princípio: *A força motriz de um sistema isolado permanece constante.*

Leandro Bertoldo
Teoria Mecânica do Dinamismo

14. Teoria Mecânica do Dinamismo

1. Introdução

O presente *capítulo* assinala a origem de uma interpretação revolucionária na Física Clássica. Aqui serão examinados os caminhos que convergiram na concepção do Dinamismo. Serão demonstrados onde falha a Mecânica Newtoniana. Considerar-se-á os vários processos nos quais a força interage com a matéria. Em cada caso obter-se-á evidência de que a força se comporta num dinamismo em sua interação com a matéria, diferentemente do comportamento dinâmico.

2. Objeções à Teoria Newtoniana

Alguns aspectos importantes do efeito da interação das forças com a matéria não podem satisfatoriamente ser explicados e interpretados em termos da teoria Dinâmica de Newton.

a) *A teoria newtoniana sugere que o peso é a força responsável pela queda livre dos corpos. Entretanto, as experiências demonstram que o peso é uma força de contato em repouso.*

b) *A segunda lei de Newton sugere que a força que atua num corpo em queda livre é o peso. Entretanto, as experiências demonstram que em queda livre o peso é nulo.*

c) *A segunda lei de Newton sugere que a aceleração dos corpos em queda livre depende do peso. Entretanto, demonstra-se que depende apenas da intensidade do campo gravitacional do planeta.*

d) *De acordo com a segunda lei de Newton, não há força interagindo com a matéria quando não há aceleração. Entretanto, partículas em movimento retilíneo uniforme manifestam a existência de forças nas colisões.*

e) *Segundo a teoria newtoniana, a força não esta diretamente relacionada com a velocidade do móvel. Todavia. As experiências têm demonstrado que, quanto maior for a velocidade de um móvel, tanto maior será os efeitos da força que advém de tal movimento.*

f) *A segunda lei de Newton sugere matematicamente que a força do corpo aumenta quando a massa aumenta. Entretanto, as experiências realizadas por Galileu mostram que, em se tratando de queda livre, os movimentos dos corpos independem da massa ou do peso.*

3. Os Postulados do Dinamismo

Todas as características das objeções levantadas contra a teoria newtoniana, bem como muitas outras que não foram apresentadas devem ser explicadas por uma teoria generalizada. E que tal teoria seja matematicamente consistente com a filosofia e a lógica precisa do Dinamismo.

Apesar da exigência desse rigor, em 1.978, Leandro desenvolveu uma teoria que apresenta uma notável concordância matemática e filosófica com os fenômenos dinâmicos e cinemáticos. Tem a atração de que a matemática envolvida é de fácil compreensão. Consegue explicar os efeitos dinâmicos das forças levantando uma hipótese extraordinária, a saber, que as forças são induzidas e transportadas pela matéria em seu movimento.

Os postulados sobre os quais se assenta o Dinamismo são os seguintes:

a) *Todo corpo em movimento transporta uma força intrínseca.*

b) *Embora nenhuma força externa atue sobre um móvel em movimento retilíneo e uniforme, o mesmo transporta uma força induzida que mantém o movimento invariável.*

c) *A variação da força induzida (Δi) transportada por um móvel em movimento uniformemente variado é igual ao produto existente entre a força dinâmica (f) pelo tempo decorrido (Δt).*

$$\Delta i = f . \Delta t$$

d) *A força dinâmica (f) que interage num móvel está relacionada com a aceleração (α). Estas duas grandezas, que estão na mesma direção e sentido, são diretamente proporcionais.*

$$f = e . \alpha$$

e) *A força dinâmica (f) é a resultante da força externa aplicada sobre um móvel. Ela é igual à diferença entre a força aplicada externamente sobre um corpo, pela força de inércia.*

$$f = F - I$$

Nessa equação a letra (e) representa uma constante de proporcionalidade, denominada por *estimulo*.

f) *No Dinamismo o peso (p) de um corpo é igual ao produto entre a massa (m) do corpo pela força dinâmica (f).*

$$p = m . f$$

g) *A variação de ímpeto é igual ao produto entre a força de inércia pela variação de tempo.*

$$\Delta H = I . \Delta t$$

h) *A força dinâmica (f) que interage sobre um móvel é diretamente proporcional à força externa (F) aplicada sobre um móvel e inversamente proporcional à massa do móvel.*

$$f = e . F/m$$

i) *A velocidade (V) de um móvel em movimento uniformemente variado ou em movimento retilíneo uniforme, está relacionada à intensidade de força induzida (i) pela seguinte equação:*

$$V = B . i$$

Onde a letra (B) representa uma constante de proporcionalidade, denominada por indutória. Ela é o inverso do estímulo (e).

Estes postulados são as colunas sobre as quais estão assentados os fundamentos matemáticos e filosóficos do Dinamismo. Conseguem generalizar completamente a Mecânica Clássica moldando a Cinemática e a Dinâmica num conceito geral, denominado por Dinamismo.

É evidente que a justificativa digna para a aceitação dos postulados apresentados, somente pode ser encontrada na comparação das previsões teóricas com os resultados experimentais obtidos.

4. Explicação das Objeções Pelo Dinamismo

Considere, pois, como a teoria do Dinamismo explica as objeções levantadas contra a interpretação newtoniana do efeito das forças no movimento dos corpos.

I- Quanto à objeção do peso nulo, constata-se existir perfeita concordância entre a teoria do Dinamismo e a experiência. Realmente, a força que atua nos corpos em queda livre não é o seu peso, pois se assim fosse, corpos sob a ação de diferentes pesos deveriam apresentar diferentes acelerações. Na verdade, em queda livre o peso é nulo e todos os corpos ficam sujeitos a ação de uma força dinâmica de intensidade constante, que se mantém invariável durante todo o movimento, conforme a seguinte expressão ($f = e \cdot \alpha$). Uma aceleração constante é caracterizada pela ação de uma força constante.

II- A resposta à objeção da ausência de forças em movimento uniforme resulta da equação ($V = B \cdot i$). Quando a força externa (F) deixa de atuar sobre o móvel, ele passa a deslocar-se em linha reta com velocidade constante. Nesta situação a força dinâmica (f) deixa de existir e a aceleração (α) é nula. O móvel segue indefinidamente seu movimento com velocidade que se mantém constante na proporção da força induzida (i) que transporta. O valor da força induzida (i) é aquele que apresentava até o instante em que deixou de sofrer a ação da força dinâmica (f = 0), obedecendo a seguinte expressão:

$$V_0 = B . i_0$$

A referida expressão afirma que uma vez iniciado o movimento, não é necessária a ação de forças externas para mantê-lo. Pois uma vez que tenha sofrido a interação de uma força dinâmica (f), a força induzida (i) permanece conservada no móvel.

Desse modo, embora não esteja sob a influência de forças externas, o móvel apresenta uma força induzida que mantém o movimento constante e indefinidamente.

Em resumo. Havendo força externa resultante, há força dinâmica. Havendo força dinâmica o móvel fica sujeito a forças induzidas. Desaparecendo a ação da força externa, a força dinâmica é nula e a força induzida é constante. E isto tem como resultado o efeito da velocidade constante.

III- A objeção da falta de dependência entre a velocidade e a força está perfeitamente de acordo com a teoria do Dinamismo, já que a força induzida (i) é de natureza diferente das forças externas (F) e dinâmica (f).

Quando uma força externa (F) de intensidade constante atua sobre um móvel, ele sofre a interação de uma força dinâmica (f). A ação dessa força dinâmica provoca o aparecimento de uma força induzida (i) que apresenta propriedades conservativas.

Enquanto o móvel estiver sob a ação da força externa, ele sofre a interação da força dinâmica. Esta provoca o aumento da força induzida no decorrer do tempo, conforme indica a seguinte expressão:

$$\Delta i = f . \Delta t$$

Leandro Bertoldo
Teoria Mecânica do Dinamismo

Enquanto isto se processa, a velocidade do móvel aumenta na proporção em que a força induzida aumenta, conforme a seguinte expressão:

$$\Delta V = B \cdot \Delta i$$

Portanto, a velocidade não guarda relação direta com a força externa aplicada sobre o móvel ou com a força dinâmica que interage com o móvel. Porém, guarda relação direta com a força induzida no móvel. Na verdade esta questão vem sendo debatida desde os tempos de Aristóteles. Entretanto, somente com a teoria do Dinamismo foi encontrada a explicação. Assim fica estabelecida a relação entre velocidade e força.

IV- Quanto à objeção do movimento em queda livre ser independente do peso, também esta de acordo com a teoria do Dinamismo. Eis que a força dinâmica que interage sobre os corpos em queda livre não depende do peso ou massa dos mesmos. Eis que a força dinâmica é de origem gravitacional e difere do peso que depende da massa do corpo.

Próximo à superfície da Terra a força dinâmica é igual para todos os corpos, independentemente da massa dos corpos e, permanece constante durante todo o movimento, conforme a seguinte expressão ($f = e \cdot \alpha$).

5. Conclusão

Neste trabalho, Leandro consegue sintetizar plenamente as ideias de Aristóteles, Galileu e Newton. E ao estabelecer as leis fundamentais que governam o Dinamismo dos corpos, foi levado à criação da *Teoria Mecânica do Dinamismo*, que unifica os vários campos da ciência.

O sucesso dessa teoria reside no fato de que o método está fundamentado em leis que apresentam formas simples, fornecendo resultado de acordo com a experiência. Embora os postulados apresentados no presente artigo se ajustem perfeitamente aos fatos da Cinemática e Dinâmica, parecem entrar em terrível conflito com a teoria Dinâmica Newtoniana que, como se sabe, é comprovada por meio de muitas experiências.

O ponto de vista adotado atualmente sobre a natureza dinâmica do movimento é que o Dinamismo é uma generalização da Mecânica Clássica, onde a segunda lei de Newton funciona matematicamente, porém é incompleta em termos de interpretação, modelo e teoria filosófica.

Até aqui foram analisados os aspectos dinâmicos das forças. Já os aspectos estáticos ficarão para outra oportunidade.